Jan Leek

Typenkompaß

BMW Motorräder seit 1946

Typen kompaß

Jan Leek

BMW

Motorräder seit 1946

Motor buch Verlag

Einbandgestaltung: Andreas Pflaum

Fotos: Mobile Tradition, BMW, Archiv des Autos

ISBN B-613-01955-8

Ein Unternehmen der Paul Pietsch Verlage GmbH + Co.

1. Auflage 1999

Innengestaltung: PHG Lithos, 82152 Martinsried
Reproduktion: PHG Lithos, 82152 Martinsried
Druck: Henkel-Druck, 70435 Stuttgart
Bindung: Nething, 73235 Weilheim an der Teck
Printed in Germany

Einleitung

Die Geschichte von BMW als Fahrzeughersteller beginnt 1923, aber schon davor stellte das Unternehmen vor allem Flugzeugtriebwerke und auch Motorradmotoren her. Das erste komplette Motorrad war die R 32 von 1923 mit Zweizylinder-Boxer, angeflanschtem Getriebe und Kardanantrieb, eine Auslegung, die bis heute BMW-Merkmal ist.

Der Neuanfang nach dem Zweiten Weltkrieg orientierte sich zunächst an bewährter Vorkriegstechnik. Das Werk in München stand kurz vor dem Aus, als der Marshall-Plan dann doch das Unternehmen rettete. Die meisten Werkzeugmaschinen waren schon 1942, während des Krieges, nach Eisenach verlagert worden. Unter sowjetischer Kontrolle entstand die R 35. Diese Konkurrenz aus dem eigenen Erbe sorgte später für einen Rechtsstreit darüber, wer nun eigentlich die Rechte an dem ruhmreichen Namen habe. BMW (West) gewann, die Produkte aus der nunmehrigen DDR liefen fortan unter der Bezeichnung EMW vom Band.

In München nahm BMW im August 1946 wieder den Betrieb auf, fertigte zunächst aber Dinge des täglichen Bedarfs wie Kochtöpfe und Beschläge. Das erste Nachkriegs-Motorrad wurde auf dem Genfer Autosalon im März 1948 gezeigt, ein modifiziertes Einzylinder-Vorkriegsmodell mit 250 Kubikzentimetern Hubraum. 1950 kam ein Zweizylinder-Boxer dazu und, obwohl bis Mitte der 60er Jahre auch Einzylinder im Programm zu finden waren, wurde der Boxer zum BMW-Markenzeichen.
Das Ende des Motorradbooms in den Fünfzigern und die schwierige Situation des gesamten Konzerns – der 1959 beinahe an Daimler-Benz verkauft worden wäre – ließ die Motorradentwicklung in München auf Sparflamme kochen. Als die japanischen Hersteller in den späten Sechzigern dem Motorrad zu einem neuen Stellenwert verhalfen, profitierten davon auch europäische Hersteller wie BMW.

Zum Modelljahr 1970 präsentierte das Münchener Unternehmen eine neue Motorrad-Generation, die legendären /5. Diese Serie bildete die Basis aller BMW-Maschinen bis Anfang der Achtziger, als die Vier- und Dreizylinder K-Modelle erschienen.

Das war eine Zeit des Umbruchs bei BMW, in der die Tage des Zweizylinder-Boxers gezählt schienen, interessant nur noch für hoffnungslose Nostalgiker, die nicht unbedingt in die elektronische Neuzeit mit aufsteigen wollten. Nach heftiger Kritik mußte BMW nachgeben und legte nach zweijähriger Pause wieder einen Einliter-Boxer auf, jedoch mit weniger Leistung und auf den Betrieb mit bleifreiem Sprit ausgelegt.

Im Motorradboom der Neunziger war es an der Zeit, über eine Erweiterung des Programms nachzudenken, keine Gedanke daran, die Boxer stillzulegen. Im Gegenteil: Ab 1993 machten Einspritzung und Vierventiltechnik die Traditionsbaureihe fit für die Neuzeit. Die R 1100 RS stand Pate für eine mittlerweile fünf Mitglieder starke Modellfamilie.

Auch die Vierzylinder-K haben sich längst etabliert, während die Dreizylinder mittlerweile aus dem Programm gestrichen wurden. Biker mit dünneren Brieftaschen verirrten sich nur selten zu BMW-Händlern, wenn es um die Wahl eines neuen Motorrades ging, getreu der Marken-Philosophie, gemäß der es sich mit teuren Produkten mehr verdienen läßt als mit billigen. Die neuzeitliche Einzylinder-Reihe, die mit der F 650 von 1993 begann, bedeutete nicht nur eine willkommene Bereicherung des Motorradmarktes, sondern erschloß auch neue Kundengruppen. Auch die Chefetage konnte sich zufrieden die Hände reiben: Die Neue entwickelte sich zu einem Verkaufsschlager. Kein Zweifel: Die Faszination, die BMW-Motorräder ausstrahlen, ist in der Neuzeit nicht verloren gegangen. Sie beruht aber zu einem großen Teil nicht zuletzt auch auf der langen Tradition der Marke, und jede BMW verkörpert in gewisser Hinsicht dieses Erbe.

Die ersten Einzylinder (1946-1966):

Die einzylindrigen 250er der Nachkriegszeit waren technisch gesehen einfach halbierte Boxer, die um 90 Grad im Rahmen gedreht wurden. Zwischen den ersten vier Modellen (R 24 bis R 25/3) bestehen nicht viele Unterschiede, abgesehen von der Hinterradfederung, die ab der R 25 verwendet wurde. Die zwei letzten Ausführungen, R 26 und 27, erhielten, um ein Jahr versetzt, die Fahrwerkstechnik der großen Modelle: Schwinggabel und Doppelschwinge hinten, jedoch etwas filigraner ausgelegt.

Die ersten Boxer (1950-1955):

Die R 51/2 war die Neuauflage eines Vorkriegsmodells, erst der Nachfolger R 51/3 war technisch weiterentwickelt, wie das Schwestermodell R 67/2 auch. Die beiden Hubraumklassen, 500 und 600 Kubik, blieben bis 1969 die Domäne von BMW. Besonders interessant in dieser Generation ist die R 68, die sogenannte Hundert-Meilen-Maschine, da sie mehr als 100 mph lief, über 160 km/h. Die R 67/3 überlebte sogar die Einführung der Vollschwingenmodelle, wenn auch nur um ein Jahr.

Die Vollschwingenmodelle (1955-69):

Eigentlich handelt es sich bei den Motorrädern in dieser Zeitspanne um zwei verschiedene Baureihen. Die Trennlinie markiert die technische Weiterentwicklung von 1960, als die R 69 von der R 69 S ersetzt wurde. Optisch voneinander kaum zu unterscheiden, zeichnen sich die danach gebauten Maschinen durch eine deutlich verbesserte Zuverlässigkeit aus.

Die /5-Reihe (1970-73):

Als 1969 die neuen Boxer vorgestellt wurden, bedeuteten diese für BMW den Schritt in die Neuzeit. Im Gefolge der CB 750 erlebte das Motorrad eine Renaissance, ein Umstand, der auch die neue BMW-Generation beflügelte. Die erste Baureihe verfügte über ein Vierganggetriebe, die nachgerade bei BMW so ausgefeilte Ergonometrie in Sachen Bedienelemente lag allerdings noch in weiter Ferne. Das Spitzenmodell, die R 75/5, sorgte für Aufsehen, da sie bedeutend schneller lief als ihre 50 PS erahnen ließen.

Die /6-Reihe (1973-76):

Hier tauchten erstmals Scheibenbremsen bei BMW-Serienmaschinen auf, wenn auch zunächst nur beim Spitzenmodell mit 900er Motor, wobei die R 90 S als Sportmaschine noch heute einen legendären Ruf genießt. Das zweite Modelljahr von 1975 erhielt gelochte Bremsscheiben, neue Armaturen und Schalter.

Die /7-Reihe (1976-78):

Wieder erschienen innerhalb einer Baureihe zwei Generationen: Ab Modelljahr 1977 kam die R 100 RS, die auch, wie die RT, die Modellpflege 1980 miterleben durfte. Andere Maschinen, wie die 60/7, 75/7er und die 100/7 und 100 S wurden schon 1978 eingestellt.

Die letzten »wahren« Boxer (1980-84):

Zwischen 1980 und 1984 reduzierte sich das Modellprogramm auf eine nackte R 100 (die erste Ausführung mit der Zusatzbezeichnung T), die vollverkleideten R 100 RS/RT sowie die sportliche R 100 CS, praktisch die Nachfolgerin der gerade eingestellten R 100 S. Diese Baureihe zeichnete sich durch Brembo-Scheibenbremsen, eine andere Gabel, verstärkte Rahmen und Schwinge sowie tiefgreifend geänderte Motoren aus.

Die Zwischenmodelle (1978-85):

Die »kleinen« Boxer-Modelle R 45 und R 65 sollten vor allem Neulinge ansprechen und lockten mit vergleichsweise niedrigen Preisen. Die beiden Typen unterschieden sich lediglich im Hubraum und den Vergasern. Die R 45 wurde vor allem in der Drosselversion mit 27 PS verkauft. Interessant, wenn auch glücklos, war die R 65 im LS-Design von Hans A. Muth.

Die neuen 800er (1980-87):

Die R 80 G/S war, als erste »Reise-Enduro« eine Sensation und blieb sieben Jahre im Programm. Der 800er Treibsatz taugte auch noch als Antrieb der mehr auf Straßenbetrieb auslegten ST wie auch der vollverkleideten RT. Beide Modelle, der Tourer wie die Straßenmaschine, sind nur zwei Jahre gebaut und nach 1984 eingestellt worden.

Die bleifreien Boxer (1984-1996)

Die nackte R 80 mit Einarmschwinge und Gußrädern war die erste der neuen Generation, die – so war es geplant – ausschließlich mit 800er Motoren bestückt werden sollte. Die anderen Hubraumklassen sollten mit Drei- und Vierzylindern bedient werden. Die 800er-Regelung hatte nicht lange Bestand, es folgten eine R 65 und eine R 80 RT, die aber nicht überzeugten. 1986 kam die R 100 RS und ein Jahr später die R 100 RT, eine vergrößerte R 80 mit Einarmschwinge und auf bleifreien Betrieb ausgelegt. Die Leistung verringerte sich bei diesen 1000ern auf 60 PS, dafür war aber der Durchzug überzeugender. Den gleichen Motor erhielt die 1987 vorgestellte R 100 GS, zusammen mit dem Schwestermodell R 80 GS. Hier kam die erste Paralever-Schwinge zum Einsatz; auch diese GS führte zu einem Straßenmodell, der R 100 R. Im letzten Modelljahr waren vier Varianten erhältlich. Mit den »Classic«-Modellen endete die Ära der Zweiventil-Boxer, die Nachfolger waren schon vorgestellt worden.

Die Reihen-Zweiventiler (1983-1991):

Die nackten K-Modelle verkaufte sich im Schatten der RS und RT nur schleppend und verschwanden schon 1990 aus dem Programm. Die K 100 LT wurde 1986 als Sondermodell eingeführt, war aber so beliebt, daß sie drei Jahre später die RT aus dem Markt drängte und ihrerseits erst 1991 einem Vierventiler weichen mußte. Die K 100 RS erwies sich als besonders langlebig. Sie wurde erst 1993 von einem Vierventiler gleichen Hubraums abgelöst. Drei Jahre später fuhren auch die Dreizylinder ins Museum.

Die Vierventiler-K (Ab 1989):

Die erste K mit Vierventilmotor war die eigenwillig gestylte K1. Ihr Triebwerk beflügelte auch die K 100 RS mit Paralever-Schwinge. Die RS mit 987 cm^3 wurde 1992 durch die hubraumstärkere K 1100 RS abgelöst, während bereits 1991 eine LT die Modellreihe komplettierte. 1997 wuchs der Vierventil-Vierzylinder auf 1171 cm^3, zum Frühjahr 1999 erfolgte dann die Auslieferung des neuen Supertourers K 1200 LT, mit dem BMW in neue Dimensionen vorstieß.

Die neuen Boxer (Ab 1993-):

Das hervorragende Fahrwerk mit Telelever-Vorderradaufhängung mit Längslenker samt dem Paralever mit Drehmomentabstützung hinten ist das typische Merkmal dieser Generation, zu der inzwischen auch zwei Cruiser-Modelle gehören. Mittlerweile gibt es den Motor in den verschiedensten Ausführungen, von 848 bis 1170 cm^3 und 50 bis 98 PS: Alleskönner mit Einspritzung, Kat und ABS.

Neue Einzylinder (Ab 1993-):

Die kleine Einzylinder-Baureihe der Marke BMW entstanden in Zusammenarbeit dreier Hersteller: BMW schuf den Entwurf, Rotax in Österreich baut entsprechend die Motoren und Aprilia setzt sie in Italien zusammen. Dort läuft auch das F 650-Parallelmodell Aprilia Pegaso vom Band.

Produktionszeit:	1948-50
Stückzahl:	12.020
Motor:	1-Zyl. ohv/2V
Hubraum:	247 cm^3
Bohrung x Hub:	68 x 68 mm
Verdichtung:	6,75:1
Leistung:	12 PS/5.600/min
Vergaser:	1 x 22 mm
Zündung:	Noris Batteriezündung
Kupplung:	1 Scheibe
Getriebe:	4 Gänge
Rahmen:	Doppelschleifen-Rohrrahmen verschraubt
Federung vorn:	Telegabel
Federung hinten:	starr
Reifen vorn:	3.00-19
Reifen hinten:	3.00-19
Bremse vorn:	Trommel, 160 mm
Bremse hinten:	Trommel, 160 mm
Gewicht:	130 kg
Tankinhalt:	12 Liter
Höchstgeschw.:	95 km/h
Neupreis:	1.750,- DM

Die erste Nachkriegs-BMW war die letzte Vorkriegs-Konstruktion. Ihrer Beliebtheit tat das keinen Abbruch, sie wurde im Oktober 1948 vorgestellt. Noch vor der Auslieferung der ersten Maschinen lagen 2.500 Vorbestellungen vor. Im Unterschied zum Vorkriegs-Modell hatte die R 24 ein Getriebe mit vier Gängen anstelle des bisher verwendeten Dreigang-Getriebes sowie einen neuen Zylinderkopf mit eingegossenem Stoßstangen-Tunnel. In den beiden Produktionsjahren entstanden etwas mehr als 12.000 BMW-Einzylinder, fürwahr kein schlechtes Ergebnis für dieses relativ teure Motorrad.

Die zweite Auflage des bekannten Einzylinder-Modells bekam ein größeres Einlaßventil samt entsprechendem -kanal, allerdings nicht mehr Leistung. Eine weitere Neuigkeit bestand in der Hinterradfederung nach dem Vorbild der Vorkriegs-Zweizylinder. Die etwas üppigere Gestaltung des vorderen Schutzblechs war ebenfalls nicht zu übersehen. Außerdem hatte man den Rahmen nun am Lenkkopf verschweißt. Beim Vorgänger, der R 24, war er noch verschraubt gewesen.

Produktionszeit:	1950-51
Stückzahl:	23.400
Motor:	1-Zyl. ohv/2V
Hubraum:	247cm³
Bohrung x Hub:	68 x 68 mm
Verdichtung:	6,5:1
Leistung:	12 PS/5.600/min
Vergaser:	1 x 24 mm
Zündung:	Noris Batteriezündung
Kupplung:	1 Scheibe
Getriebe:	4 Gänge
Rahmen:	Doppelschleifen-Rohrrahmen
Federung vorn:	Telegabel
Federung hinten:	Geradewegfederung
Reifen vorn:	3.25-19
Reifen hinten:	3.25-19
Bremse vorn:	Trommel, 160 mm
Bremse hinten:	Trommel, 160 mm
Gewicht:	140 kg
Tankinhalt:	12 Liter
Höchstgeschw.:	ca. 97 km/h
Neupreis:	1.750,- DM

Produktionszeit:	1951-54
Stückzahl:	38.651
Motor:	1-Zyl. ohv/2 V
Hubraum:	247cm³
Bohrung x Hub:	68 x 68 mm
Verdichtung:	6,5:1
Leistung:	12 PS/5.600/min
Vergaser:	1 x 22 mm (Bing)
Zündung:	Noris Batteriezündung
Kupplung:	1 Scheibe
Getriebe:	4 Gänge
Rahmen:	Doppelschleifenrahmen
Federung vorn:	Telegabel
Federung hinten:	Geradewegfederung
Reifen vorn:	3.25-19
Reifen hinten:	3.25-19
Bremse vorn:	Trommel, 160 mm
Bremse hinten:	Trommel, 160 mm
Gewicht:	142 kg
Tankinhalt:	12 Liter
Höchstgeschw.:	105 km/h
Neupreis:	1.990,- DM

Die Kipphebelgeometrie veränderte sich bei dieser dritten Generation der Nachkriegs-Einzylinder. Auch die Größe des Einlaßventils variierte, sein Durchmesser entsprach mit 32 mm wieder dem bei der R 24 verwendeten Maß. Außerdem fiel das vordere Schutzblech weit weniger üppig aus als zuvor, und darin, zusammen mit dem Sattel, bestand der einzige optische Unterschied zur R 25. Technischerseits hatten sich viele Kleinigkeiten geändert: Die frühen Fünfziger waren das Goldene Zeitalter für deutsche Motorradbauer, nie zuvor wurden so viele Motorräder produziert. Auch die R 25/2 machte da keine Ausnahme

Die dritte Ausführung der R 25 war ein topmodernes Motorrad, jetzt mit hydraulisch gedämpfter Telegabel, modernem Auspuff und Alufelgen. Das Gewicht lag über dem des Vormodells. Diese Maschine hielt lange den Verkaufsrekord bei BMW, als sie sich nicht mehr so gut verkaufte, war das ein Zeichen dafür, daß der gesamte Motorradmarkt einbrach. Wesentliche Änderungen im Vergleich zur /2 betrafen den Motor, auch wenn dieser nominell nur um ein PS zugelegt hatte. Dieses geringe Leistungsplus brachte eine etwas höhere Spitzengeschwindigkeit. Gleichzeitig die erste BMW mit Vollnaben-Bremse.

Produktionszeit:	1953-56
Stückzahl:	47.700
Motor:	1-Zyl. ohv/2 V
Hubraum:	247cm³
Bohrung x Hub:	68 x 68 mm
Verdichtung:	7,0:1
Leistung:	13 PS/5.800/min
Vergaser:	1 x 24 mm (Bing)
Zündung:	Noris Batteriezündung
Kupplung:	1 Scheibe
Getriebe:	4 Gänge
Rahmen:	Doppelschleifen-Rohrrahmen
Federung vorn:	Hydr. ged. Telegabel
Federung hinten:	Geradewegfederung
Reifen vorn:	3.25-18
Reifen hinten:	3.25-18
Bremse vorn:	Trommel, 160 mm
Bremse hinten:	Trommel, 160 mm
Gewicht:	150 kg
Tankinhalt:	12 Liter
Höchstgeschw.:	119 km/h
Neupreis:	2.060,- DM

Produktionszeit:	1956-60
Stückzahl:	30.236
Motor:	1-Zyl. ohv/2 V
Hubraum:	247 cm^3
Bohrung x Hub:	68 x 68 mm
Verdichtung:	7,5:1
Leistung:	15 PS/6.400/min
Vergaser:	1 x 26 mm
Zündung:	Noris-Batteriezündung
Kupplung:	1 Scheibe
Getriebe:	4 Gänge
Rahmen:	Doppelschleifenrahmen
Radstand:	1.390 mm (mit Beiw. 1.415 mm)
Federung vorn:	Geschobene Schwinge
Federung hinten:	Schwinge mit 2 Federbeinen
Reifen vorn:	3.25-18
Reifen hinten:	3.25-18
Bremse vorn:	Trommel, 160 mm
Bremse hinten:	Trommel, 160 mm
Gewicht:	158 kg
Tankinhalt:	15 Liter
Höchstgeschw.:	128 km/h
Neupreis:	2.150,- DM

Ein Jahr nach der Einführung der Zweizylinder-Vollschwingenmodelle erhielt auch die Kleinste in der Modellfamilie das gleiche Fahrgestell. Diese modernere Einzylinder-Ausführung wurde, wie die Großen auch, auf Wunsch mit Sattel oder Sitzbank ausgeliefert. Der Motor war überarbeitet worden und wies unter anderem einen größeren Ansaugkanal, einen größeren Vergaser sowie ein größeres Einlaßventil auf. Der Vergaser atmete jetzt durch ein Luftfilter im Batteriekasten; Zylinder und Kopf waren tiefer verrippt.

Bei der letzten Viertelliter-Einzylinder von BMW war der Motor mit dem Rahmen über Gummielemente verbunden, um störende Vibrationen zu eliminieren. Eine Leistungssteigerung von drei auf 18 PS (die jetzt 1.000 Umdrehungen später anlagen) führte zwar nicht zu einem bemerkenswerten Anstieg der Spitzengeschwindigkeit, wohl aber zu erheblich besseren Beschleunigungswerten. Größere Unterschiede zur R 26 sind gar nicht so einfach festzustellen. Die R 27-Produktion lief 1966 aus, ein geplanter Nachfolgetyp wurde nicht verwirklicht. Es sollte fast 30 Jahre dauern, bis BMW wieder einen Einzylinder ins Programm hievte.

Produktionszeit:	1960-66
Stückzahl:	15.364
Motor:	1-Zyl. ohv/2 V
Hubraum:	247 cm^3
Bohrung x Hub:	68 x 68 mm
Verdichtung:	8,2:1
Leistung:	18 PS/7.400/min
Vergaser:	1 x 26 mm
Zündung:	Noris-Batteriezündung
Kupplung:	1 Scheibe
Getriebe:	4 Gänge
Rahmen:	Doppelschleifen-Rundrohrrahmen
Radstand:	1.390 mm (mit Beiw. 1.415 mm)
Federung vorn:	Geschobene Schwinge
Federung hinten:	Schwinge mit 2 Federbeinen
Reifen vorn:	3.25-18
Reifen hinten:	3.25-18
Bremse vorn:	Trommel, 160 mm
Bremse hinten:	Trommel, 160 mm
Gewicht:	162 kg
Tankinhalt:	15 Liter
Höchstgeschw.:	130 km/h
Neupreis:	2.430,- DM

Produktionszeit:	1951-50
Stückzahl:	5.000
Motor:	2-Zyl. ohv/2 V
Hubraum:	494 cm³
Bohrung x Hub:	68 x 68 mm
Verdichtung:	6,3:1
Leistung:	24 PS/5.800/min
Vergaser:	2 x 22 mm Bing
Zündung:	Bosch Batteriezündung
Kupplung:	1 Scheibe
Getriebe:	4 Gänge
Rahmen:	Doppelschleifen-Rohrrahmen
Federung vorn:	Telegabel, hydraulisch gedämpft
Federung hinten:	Geradwegfederung
Reifen vorn:	3.50-19
Federung hinten:	3.50-19
Bremse vorn:	Trommel, 200 mm
Bremse hinten:	Trommel, 200 mm
Leergewicht:	185 kg
Tankinhalt:	14 Liter
Höchstgeschw.:	140 km/h
Neupreis:	2.750,- DM

Um den Neuaufbau einer Rüstungsindustrie zu verhindern, durfte Deutschland bis zum Sommer 1949 nur Motorräder mit Hubräumen von bis zu 250 cm³ herstellen. Als das Verbot dann aufgehoben wurde, stand ein Nachfolger für die Vorkriegsmaschine R 51 schon in den Startlöchern. Die Änderungen zu dem Vormodell umfaßten stark angewinkelte Vergaser, ein neues Vorderradschutzblech, eine neue Kipphebellagerung, die über Stehbolzen zusammen mit Kopf und Zylinder an den Motorblock verschraubt war und eine hydraulisch gedämpfte Telegabel. Der Zweizylinder-Boxer kostete DM 2.750.-, rund die Hälfte dessen, was für den VW Käfer zu bezahlen war, und galt als Luxusfahrzeug, das sich allerdings sehr schnell im Export behaupten konnte.

Die R 51/3 (zusammen mit der R 67) wurde im Februar 1951 in Amsterdam vorgestellt und hat mit der gleichnamigen Vorgängerin eigentlich nur noch den Namen gemeinsam: Im Prinzip handelte es sich dabei um eine völlige Neukonstruktion, auch wenn das Fahrwerk fast unverändert übernommen worden war.
Die Motoren verfügten jetzt wieder über eine per Zahnrad getriebene Nockenwelle. Die Ventildeckel waren ab diesem Zeitpunkt einteilig und ab 1952 bekamen beide Modelle – R 51 und R 67 – Duplex-Bremsen am Vorderrad. Ab 1954 kamen Vollnaben-Bremsen hinzu, während die Schalldämpfer ihre Schwanzflossen verloren.

Produktionszeit:	1951-54
Stückzahl:	18.420
Motor:	2-Zyl. ohv/2 V
Hubraum:	494 cm^3
Bohrung x Hub:	68 x 68 mm
Verdichtung:	6,3:1
Leistung:	24 PS/ 5.800/min
Vergaser:	2 x 22 mm Bing
Zündung:	Noris Magnetzündung/ Lichtmaschine
Kupplung:	1 Scheibe
Getriebe:	4 Gänge
Rahmen:	Doppelschleifen-Rohrrahmen
Radstand:	1.400 mm
Federung vorn:	Telegabel
Federung hinten:	Geradwegfederung
Reifen vorn:	3.50-19
Reifen hinten:	3.50-19
Bremse vorn:	Trommel, 200 mm
Bremse Hinten:	Trommel, 200 mm
Leergewicht:	190 kg
Tankinhalt:	17 Liter
Höchstgeschw.:	140 km/h
Neupreis:	1.470,- DM

BMW R 67, R67/2, R 67/3

Produktionszeit:	1951-54 (R 67: 1951, /2; 1952-54, /3: 1955-56)
Stückzahl:	6.404 (davon 700 R 67/3)
Motor:	2-Zyl. ohv/2 V
Hubraum:	594 cm^3
Bohrung x Hub:	72 x 73 mm
Verdichtung:	5,6:1
Leistung:	26 PS/5.500/min (67/2+3: 28 PS/5.600/min)
Vergaser:	2 x 24 mm Bing
Zündung:	Noris Magnetzündung/ Lichtmaschine
Kupplung:	1 Scheibe
Getriebe:	4 Gänge
Rahmen:	Doppelschleifen-Rohrrahmen
Radstand:	1.400 mm
Federung vorn:	Telegabel
Federung hinten:	Geradwegfederung
Reifen vorn:	3.50-19
Reifen hinten:	3.50-19 (67/3: 4.00-18)
Bremse vorn:	Trommel, 200 mm (67/3: Vollnabe)
Bremse hinten:	Trommel, 200 mm (67/3: Vollnabe)
Leergewicht:	190 kg (mit Beiwagen 320 kg)
Tankinhalt:	17 Liter
Höchstgeschw.:	140 km/h
Neupreis:	2.875,-/ 3.235,-/3.235,- DM

Die R 67 war bis auf den Hubraum mit der R 51/3 identisch und bekam schon nach einem Jahr, wie auch die kleinere Ausführung, die Duplexbremse vorn. 1954 folgte eine Vollnabenbremse, ebenfalls in Duplex-Ausführung. Obwohl 1955 die Ablösung in Gestalt der Modelle mit Schwinggabel erfolgte, stand die R 67/3 als Gespannmaschine noch zwei weitere Modelljahre (1955 - 1956) im Programm, dann aber mit 4.00-18 Hinterreifen.

Die R 68 markierte einen ersten Höhepunkt in der Nachkriegsgeschichte des Münchner Motorradherstellers, die neue Maschine basierte auf den in Handarbeit für den Geländesport aufgebauten Wettbewerbsmodellen. Das sportliche und handliche Gerät kam auch in den Genuß einer Leistungsspritze, die aus der eher biederen Vorlage eine prestigeträchtige »Hundert-Meilen-Maschine« machte. So schnell lief sie nämlich, hundert Meilen pro Stunde oder umgerechnet 160 km/h. Ein hochgelegter Auspuff war als Zubehör erhältlich.

Produktionszeit:	1952-54
Stückzahl:	1.452
Motor:	2-Zyl. ohv/2 V
Hubraum:	594 cm^3
Bohrung x Hub:	72 x 73 mm
Verdichtung:	7,5:1
Leistung:	35 PS/7.000/min
Vergaser:	2 x 26 mm Bing
Zündung:	Noris Magnetzündung/ Lichtmaschine
Kupplung:	1 Scheibe
Getriebe:	4 Gänge
Rahmen:	Doppelschleifen-Rohrrahmen
Radstand:	1.400 mm
Federung vorn:	Telegabel
Federung hinten:	Geradwegfederung
Reifen vorn:	3.50-19
Reifen hinten:	3.50-19
Bremse vorn:	Trommel, 200 mm
Bremse hinten:	Trommel, 200 mm
Gewicht:	193 kg
Tankinhalt:	17 Liter
Höchstgeschw.:	160 km/h
Neupreis:	3.950,- DM

BMW R 50, R 50/2

Produktionszeit:	1955-60, 50/2: 1960-69
Stückzahl:	13.510 + 19.036
Motor:	2-Zyl. ohv/2 V
Hubraum:	494 cm^3
Bohrung x Hub:	68 x 68 mm
Verdichtung:	6,8:1
Leistung:	26 PS/5.800/min
Vergaser:	2 x 24 mm Bing
Zündung:	Noris Magnetzündung
Kupplung:	1 Scheibe
Getriebe:	4 Gänge
Rahmen:	Doppelschleifen-Rohrrahmen
Radstand:	1.415 mm (mit Beiw. 1.450 mm)
Federung vorn:	Geschobene Schwinge
Federung hinten:	Schwinge mit 2 Federbeinen
Reifen vorn:	3.50-18
Reifen hinten:	3.50-18
Bremse vorn:	Trommel, 200 mm
Bremse hinten:	Trommel, 200 mm
Leergewicht:	195 kg
Tankinhalt:	17 Liter
Höchstgeschw.:	140 km/h
Neupreis:	3.050,- DM, bzw. 3.130,- DM

Mit den im Januar 1955 in Brüssel vorgestellten Vollschwingen-Modellen brach für BMW ein neues Zeitalter an. Die Motoren stammten, weitgehend unverändert, aus den Vormodellen R 51, neu waren aber Getriebe und Fahrwerk. Mit diesen Modellen kam BMW in den Ruf, Fahrwerke von ganz besonderer Güte zu bauen, zumal überall Kegelrollenlager verwendet wurden. Das nach unten abfallende Rahmenheck war zwar etwas gewöhnungsbedürftig, sollte aber einerseits die traditionelle Starrahmen-Optik verleihen und andererseits den Anbau eines Seitenwagens ermöglichen. Das gleiche galt auch für die Langschwingengabel vorn, die nach einem Patent von Ernie Earles gebaut wurde und deshalb auch Earles-Gabel genannt wurde. *Siehe auch R 69 und R 60/2.*

Das Spitzenmodell im Programm der Jahre 1955 bis 1960 war die R 69, die in Leistung und Status locker an die Position der beliebten Vorgängerin R 68 anknüpfen konnte. Optisch war das Sportmodell nur an den außen verrippten Zylinderdeckeln von den Tourern zu unterscheiden. Wie alle Modelle dieser Baureihe erhielt auch die R 69 des Modelljahres 1957 das große Rücklicht. Die Modellreihe lief aus, als 1960 die neuen Baureihen mit der Bezeichnung R 69 S erschienen.

Produktionszeit:	1955-60
Stückzahl:	2.956
Motor:	2-Zyl. ohv/2 V
Hubraum:	594 cm^3
Bohrung x Hub:	72 x 73 mm
Verdichtung:	8,0:1
Leistung:	35 PS/6.800/min
Vergaser:	2 x 26 mm Bing
Zündung:	Noris Magnetzündung/ Lichtmaschine
Kupplung:	1 Scheibe
Getriebe:	4 Gänge
Rahmen:	Doppelschleifen-Rohrrahmen
Radstand:	1.415 mm (mit Beiw. 1.450 mm)
Federung vorn:	Geschobene Schwinge
Federung hinten:	Schwinge mit 2 Federbeinen
Reifen vorn:	3.50-18
Reifen hinten:	3.50-18
Bremse vorn:	Trommel, 200 mm
Bremse hinten:	Trommel, 200 mm
Leergewicht:	202 kg
Tankinhalt:	17 Liter
Höchstgeschw.:	165 km/h
Neupreis:	2.956,- DM

Produktionszeit:	1955-60, 1960-69
Stückzahl:	3.530, 17.306
Motor:	2-Zyl. ohv/2 V
Hubraum:	594 cm³
Bohrung x Hub:	72 x 73 mm
Verdichtung:	6,5:1, 7,5:1
Leistung:	28 PS/5.600/min, 30 PS/5.800/min
Vergaser:	2 x 24 mm Bing
Zündung:	Magnetzündung/Lichtmaschine
Kupplung:	1 Scheibe
Getriebe:	4 Gänge
Rahmen:	Doppelschleifen-Rundrohrrahmen
Radstand:	1.415 mm (mit Beiw. 1.450 mm)
Federung vorn:	Geschobene Schwinge
Federung hinten:	Schwinge mit 2 Federbeinen
Reifen vorn:	3.50-18
Reifen hinten:	3.50-18
Bremse vorn:	Trommel, 200 mm
Bremse hinten:	Trommel, 200 mm
Leergewicht:	195 kg, 198 kg
Tankinhalt:	17 Liter
Höchstgeschw.:	145 km/h, 150 km/h
Neupreis:	R 60 3.235,- DM, R60/2 3.315,- DM

Das größte Tourenmodell war die R 60, die 1960 von der in vielen Punkten technisch verbesserten R 60/2 abgelöst wurde. Die Bedeutung dieser Maschine kann nicht hoch genug eingeschätzt werden, da sie wie kaum ein anderes Modell das BMW-Image prägte. Eine Weltreise auf zwei Rädern war in den späten Fünfzigern und Sechzigern ohne eine R 60 kaum denkbar. Gutmütig und von einer legendären Zuverlässigkeit, sorgte dieses Modell für weltweite Exporterfolge. Ab 1967 konnten alle Modelle mit einer Telegabel geliefert werden, was vor allem in den USA von großer Wichtigkeit war.

Mit der Modellpflege von 1960 erschien auch eine 500er S-Variante, die im September 1960 vorgestellt wurde. Nach der Krise Ende der 50er Jahre (die beinahe das Ende von BMW als eigenständigem Auto- und Motorradhersteller bedeutet hätte) konnte das Unternehmen seinerzeit einen gewissen Aufschwung im Export verzeichnen. Beide S-Varianten – es gab auch eine 600er – verfügten über einen Lenkungsdämpfer und, wie die übrigen /2-Modelle, über eine zusätzliche Blechstrebe für das vordere Schutzblech. Die kleine S blieb nur zwei Jahre im Programm und ist deshalb sehr selten. Siehe auch R 69 S.

Produktionszeit:	1960-62
Stückzahl:	1.634
Motor:	2-Zyl. ohv/2 V
Hubraum:	494 cm^3
Bohrung x Hub:	68 x 68 mm
Verdichtung:	9,2:1
Leistung:	35 PS/7.650/min
Vergaser:	2 x 26 mm Bing
Zündung:	Bosch Magnetzündung
Kupplung:	1 Scheibe
Getriebe:	4 Gänge
Rahmen:	Doppelschleifen-Rohrrahmen
Radstand:	1.415 mm (mit Beiw. 1.450 mm)
Federung vorn:	Geschobene Schwinge
Federung hinten:	Schwinge mit 2 Federbeinen
Reifen vorn:	3.50-18
Reifen hinten:	3.50-18
Bremse vorn:	Trommel, 200 mm
Bremse hinten:	Trommel, 200 mm
Leergewicht:	198 kg
Tankinhalt:	17 Liter
Höchstgeschw.:	160 km/h
Neupreis:	3.535,- DM

Produktionszeit:	1960-69
Stückzahl:	11.317
Motor:	2-Zyl. ohv/2 V
Hubraum:	495 cm^3
Bohrung x Hub:	72 x 73 mm
Verdichtung:	9,5:1
Leistung:	42 PS/7.000/min
Vergaser:	2 x 26 mm Bing
Zündung:	Bosch Magnetzündung
Kupplung:	1 Scheibe
Getriebe:	4 Gänge
Rahmen:	Doppelschleifen-Rohrrahmen
Radstand:	1.415 mm (mit Beiw. 1.450 mm)
Federung vorn:	Geschobene Schwinge
Federung hinten:	Schwinge mit 2 Federbeinen
Reifen vorn:	3.50-18
Reifen hinten:	3.50-18
Bremse vorn:	Trommel, 200 mm
Bremse hinten:	Trommel, 200 mm
Leergewicht:	202 kg
Tankinhalt:	17 Liter
Höchstgeschw.:	175 km/h
Neupreis:	4.030,- DM

Das neue Spitzenmodell im Programm ab 1960 bekam einen Schwingungsdämpfer an der Kurbelwelle, was von außen an der Ausbuchtung am Steuerdeckel zu sehen war. Ein weiteres Unterscheidungsmerkmal war, wie bei der 50 S auch, der größere Luftfilterkasten. Die R 69 S war außerdem viel schneller als sie aussah und konnte problemlos mit den schnellsten englischen Sportmaschinen dieser Zeit mithalten. Gegen Aufpreis gab es für die R 69 S einen 24 Liter großen Tank. Siehe auch R 50 S.

Die kleinste Vertreterin der neuen Motorrad-Generation aus München war in erster Linie als Behördenmaschine gedacht. Auf Wunsch gab es einen elektrischem Anlasser. Gebaut wurden die /5-Modelle im neuen Werk in Berlin-Spandau. Gabel und Rahmen hatten ihre Bewährungsprobe schon in den Geländeprototypen Mitte der Sechziger bestanden, ein Novum für BMW waren all die Details, die bei japanischen Herstellern längst schon Standard waren wie Spiegel oder Blinkeranlage. Beim Zweizylinder-Boxermotor handelte es sich um eine Neukonstruktion; die Nockenwelle lag jetzt unterhalb der Kurbelwelle. Fahrwerk, Chassis, und Getriebe waren neu. Der Scheinwerfer mit zentralem Zündschloß erinnerte an die Vorgänger.

Produktionszeit:	1969-73
Stückzahl:	7.865
Motor:	2-Zyl. ohv/2 V
Hubraum:	496 cm³
Bohrung x Hub:	67 x 70,6 mm
Verdichtung:	8,6:1
Leistung:	32 PS (23,6 kW)/6.400/min
Vergaser:	2 x 26 mm Bing
Zündung:	Bosch Batteriezündung
Kupplung:	1 Scheibe
Getriebe:	4 Gänge
Rahmen:	Doppelschleifen-Rohrrahmen
Radstand:	1.385 mm (ab 1973: 1.435 mm)
Federung vorn:	Telegabel
Federung hinten:	Doppelschwinge
Reifen vorn:	3.25S19
Reifen hinten:	4.00S18
Bremse vorn:	Trommel, 200 mm
Bremse hinten:	Trommel, 200 mm
Leergewicht:	205 kg (ab 1971 200 kg)
Tankinhalt:	24 Liter
Höchstgeschw.:	157 km/h
Neupreis:	3.696,- DM

BMW R 60/5

Produktionszeit:	1969-73
Stückzahl:	22.721
Motor:	2-Zyl. ohv/2 V
Hubraum:	599 cm^3
Bohrung x Hub:	73,5 x 70,6 mm
Verdichtung:	9,2:1
Leistung:	40 PS (29,5 kW)/6.400/min
Vergaser:	2 x 26 mm Bing
Zündung:	Bosch Batteriezündung
Kupplung:	1 Scheibe
Getriebe:	4 Gänge
Rahmen:	Doppelschleifen-Rohrrahmen
Radstand:	1.385 mm (ab 1973: 1.435 mm)
Federung vorn:	Telegabel
Federung hinten:	Doppelschwinge
Reifen vorn:	3.25S19
Reifen hinten:	4.00S18
Bremse vorn:	Trommel, 200 mm
Bremse hinten:	Trommel, 200 mm
Leergewicht:	210 kg (ab 1971 205 kg)
Tankinhalt:	24 Liter
Höchstgeschw.:	167 km/h
Neupreis:	3.996,- DM

Die Maschine mit 600 cm^3 innerhalb der neuen /5-Reihe war viel beliebter als die kleinere Halbliter-BMW, stand aber international trotzdem im Schatten der größeren R 75/5. Dennoch war sie, besonders unter Tourenfahrern, sehr beliebt und konnte sich vergleichsweise lange im Programm halten. Die Modelle des Jahres 1972 erhielten als Neuerung einen kleineren Tank mit verchromten Seitenblenden und dazu passenden Seitendeckeln, was europäischen Käufern jedoch nicht besonders gefiel. Die Motoren hatten gleitgelagerte Kurbelwellen, der Anlasser befand sich oberhalb des Motorblocks.

Das Spitzenmodell der /5-Reihe war eine von vier Maschinen in dieser Hubraumklasse. Die BMW – dank des niedrigen Gewichts – bot die besten Fahrleistungen. Technisch wie die 50/5 und 60/5 aufgebaut, hatte sie deutlich mehr Power und entwickelte sich zu Recht zu einem Verkaufsrenner. Die große Nachfrage führte zu Lieferschwierigkeiten in den ersten beiden Baujahren. Ihre hohe Spitzenleistung führte anfänglich zu Fahrwerksunruhen, die BMW frühzeitig durch eine verlängerte Schwinge bekämpfte. Die ziemlich grobe Schweißnaht am Kardantunnel war noch an den Nachfolgemodellen der /6-Reihe zu sehen.

Produktionszeit:	1969-73
Stückzahl:	38.370
Motor:	2-Zyl. ohv/2 V
Hubraum:	745 cm^3
Bohrung x Hub:	82 x 70,6 mm
Verdichtung:	9,0:1
Leistung:	50 PS (36,8 kW)/6.200/min
Vergaser:	2 x 32 mm Bing Gleichdruckvergaser
Zündung:	Bosch Batteriezündung
Kupplung:	1 Scheibe
Getriebe:	4 Gänge
Rahmen:	Doppelschleifen-Rundrohrrahmen
Radstand:	1.385 mm (ab 1973: 1.435 mm)
Federung vorn:	Telegabel
Federung hinten:	Doppelschwinge
Reifen vorn:	3.25S19
Reifen hinten:	4.00S18
Bremse vorn:	Trommel, 200 mm
Bremse hinten:	Trommel, 200 mm
Leergewicht:	210 kg (ab 1971 205 kg)
Tankinhalt:	24 Liter
Höchstgeschw.:	175 km/h
Neupreis:	4.996,- DM

Produktionszeit:	1973-76
Stückzahl:	13.511
Motor:	2-Zyl. ohv/2 V
Hubraum:	599 cm^3
Bohrung x Hub:	73,6 x 70,6 mm
Verdichtung:	9,2:1
Leistung:	40 PS (29,5 kW)/6.400/min
Vergaser:	2 x 26 mm Bing
Zündung:	Bosch Batteriezündung
Kupplung:	1 Scheibe
Getriebe:	5 Gänge
Rahmen:	Doppelschleifen-Rohrrahmen
Radstand:	1.465 mm
Federung vorn:	Telegabel
Federung hinten:	Doppelschwinge
Reifen vorn:	3.25S19
Reifen hinten:	4.00S18
Bremse vorn:	Trommel, 200 mm
Bremse hinten:	Trommel, 200 mm
Leergew. getankt:	210 kg
Tankinhalt:	18 Liter
Höchstgeschw.:	167 km/h
Neupreis:	5.992,- DM

Mit der /6-Ausführung brachen bei BMW modernere Zeiten an. Das 500er Modell verschwand unbetrauert aus dem Programm; die R 60/6 übernahm nun deren Rolle als Behördenmaschine und behielt deshalb die vordere Trommelbremse. Alle anderen Vertreter der nun vier Modelle umfassenden BMW-Palette, wurden vorne per Scheibenbremse verzögert. Alle Modelle hatten ab dem zweiten Modelljahr außerdem neue Armaturen mit doppelten Rundinstrumenten und neue Bedienelemente. Neu war auch das Fünfganggetriebe. Siehe auch R 75/6, 90/6.

Im Windschatten der beiden neu eingeführten 900er Modelle verlor die 750er ihren Status als Flaggschiff der Modellpalette. Mit den anderen beiden /6-Modellen teilte sie sich den kleineren Tank mit 18 Liter Volumen, dessen Linien noch an die Vorgänger erinnerten, jedoch auf die verchromten Seitenblenden verzichteten. Wie die letzten /5-Modelle hatten alle /6 die verlängerte Schwinge mit der sichtbaren Naht am Kardantunnel.

Produktionszeit:	1973-76
Stückzahl:	17.587
Motor:	2-Zyl. ohv/2 V
Hubraum:	745 cm^3
Bohrung x Hub:	82 x 70,6 mm
Verdichtung:	9,0:1
Leistung:	50 PS (36,8 kW)/6.200/min
Vergaser:	2 x 32 mm Bing Gleichdruck
Zündung:	Bosch Batteriezündung
Kupplung:	1 Scheibe
Getriebe:	5 Gänge
Rahmen:	Doppelschleifen-Rohrrahmen
Federung vorn:	Telegabel
Federung hinten:	Doppelschwinge
Reifen vorn:	3.25S19
Reifen hinten:	4.00S18
Bremse vorn:	Scheibe, 260 mm
Bremse hinten:	Trommel, 200 mm
Leergew. getankt:	210 kg
Tankinhalt:	18 Liter
Höchstgeschw.:	177 km/h
Neupreis:	7.110,- DM

Produktionszeit:	1973-76
Stückzahl:	21.097
Motor:	2-Zyl. ohv/2 V
Hubraum:	898 cm³
Bohrungx Hub:	90 x 70,6 mm
Verdichtung:	9,0:1
Leistung:	60 PS (44,1 kW)/6.500/min
Vergaser:	2 x 32 mm Bing Gleichdruck
Zündung:	Bosch Batteriezündung
Kupplung:	1 Scheibe
Getriebe:	5 Gänge
Rahmen:	Doppelschleifen-Rohrrahmen
Radstand:	1.465 mm
Federung vorn:	Telegabel
Federung hinten:	Doppelschwinge
Reifen vorn:	3.25H19
Reifen hinten:	4.00H18
Bremse vorn:	Scheibe, 260 mm
Bremse hinten:	Trommel, 200 mm
Leergew. getankt:	210 kg
Tankinhalt:	18 Liter
Höchstgeschw.:	188 km/h
Neupreis:	7.620,- DM

Neben der R 75/6 komplettierte die neue R 90 das BMW-Angebot für Tourenfahrer, wobei die technischen Spezifikationen denen der 750er entsprachen. Für alle Modelle gab es im zweiten Modelljahr (ab 1975) neue Armaturen, wie auch gelochte Bremsscheiben. Ab diesem Modelljahr waren die Blinkergehäuse nicht mehr blankpoliert, sondern mattschwarz lackiert. Sie bestanden allerdings immer noch aus Aluminium.

Zum ersten Mal war ein Motorrad vom Sitzbank-Bürzel über den Tank bis zur Cockpitverkleidung von einem Designer, Hans A. Muth, entworfen worden. Die 67 PS starke Maschine hatte die längste, bei einer Serien-BMW verwendete Endübersetzung, die Gemischaufbereitung übernahmen Vergaser aus Italien. Das Motorrad erwies sich als ebenso schnell wie das Über-Bike von Kawasaki, die Z 900. Im ersten Modelljahr gab es die 90 S nur in rauchgrauer Lackierung, ab 1975 (mit den neuen Armaturen) auch in einem goldenen Farbton, der zum Synonym für die S wurde: Daytona Orange.

Produktionszeit:	1973-76
Stückzahl:	17.465
Motor:	2-Zyl. ohv/2 V
Hubraum:	898 cm^3
Bohrung x Hub:	90 x 70,6 mm
Verdichtung:	9;5:1
Leistung:	67 PS (49,3 kW)/7.000/min
Vergaser:	2 x 38 mm Dell'Orto
Zündung:	Bosch Batteriezündung
Kupplung:	1 Scheibe
Getriebe:	5 Gänge
Rahmen:	Doppelschleifen-Rohrrahmen
Radstand:	1.465 mm
Federung vorn:	Telegabel
Federung hinten:	Doppelschwinge
Reifen vorn:	3.25H19
Reifen hinten:	4.00H18
Bremse vorn:	Scheibe, 2 x 260 mm
Bremse hinten:	Trommel, 200 mm
Leergew. getankt:	215 kg
Tankinhalt:	24 Liter
Höchstgeschw.:	200 km/h
Neupreis:	9.130,- DM

BMW R 60/7

Produktionszeit:	1976-78
Stückzahl:	11.163
Motor:	2-Zyl. ohv/2 V
Hubraum:	599 cm³
Bohrung x Hub:	73,5 x 70,6 mm
Verdichtung:	9,2:1
Leistung:	40 PS (29,5 kW)/6.400/min
Vergaser:	2 x 26 Bing
Zündung:	Bosch Batteriezündung
Kupplung:	1 Scheibe
Getriebe:	4 Gänge
Rahmen:	Doppelschleifen-Rohrrahmen
Radstand:	1.465 mm
Federung vorn:	Telegabel
Federung hinten:	Doppelschwinge
Reifen vorn:	3.25S19
Reifen hinten:	4.00S18
Bremse vorn:	Scheibe, 260 mm
Bremse hinten:	Trommel, 200 mm
Leergew. getankt:	215 kg
Tankinhalt:	24 Liter
Höchstgeschw.:	167 km/h
Neupreis:	6.850,- DM

Während die /6-Reihe sich noch stark an die /5-Modelle anlehnte, entfernte sich die neue BMW-Generation zumindest optisch deutlich weiter von ihren Ursprüngen. Einstiegsmodell in die BMW-Palette war die R 60/7, die mehr oder minder ausschließlich im Behördenbetrieb lief. Sie kam nicht auf sonderlich große Stückzahlen und hatte noch weniger Ausstrahlung. Die Fahrleistungen war mehr als bescheiden, die Fahrfreude blieb auf der Strecke – ebenso wie die R60/7, die alsbald aus dem Programm genommen wurde. Kennzeichen der gesamten Modellreihe war der Tank im Stil der R 90 S, jedoch mit bündig eingelassenem Tankdeckel.

In Zeiten großvolumiger Bigbikes – die Mitte der 70er ihre erste Blütezeit erlebten – galt die 750er BMW bald als überholt. Nach nur zweijähriger Bauzeit wurde sie aus dem Programm genommen, die Konkurrenz im eigenen Lager war zu groß. Zwar ist der Ladenhüter von gestern heute ein Klassiker, doch selbst die eher geringen Stückzahlen sind nicht unbedingt ein Garant für Liebhaberpreise: Die R 75 hatte sich selbst überlebt.

Produktionszeit:	1976-77
Stückzahl:	6.264
Motor:	2-Zyl. ohv/2 V
Hubraum:	745 cm^3
Bohrung x Hub:	82 x 70,6 mm
Verdichtung:	9,0:1
Leistung:	50 PS (36,8 kW)/6.200/min
Vergaser:	2 x 32 Bing Gleichdruck
Zündung:	Bosch Batteriezündung
Kupplung:	1 Scheibe
Getriebe:	5 Gänge
Rahmen:	Doppelschleifen-Rohrrahmen
Radstand:	1.465 mm
Federung vorn:	Telegabel
Federung hinten:	Doppelschwinge
Reifen vorn:	3.25S19
Reifen hinten:	4.00S18
Bremse vorn:	Scheibe, 260 mm
Bremse hinten:	Trommel, 200 mm
Leergew. getankt:	215 kg
Tankinhalt:	24 Liter
Höchstgeschw.:	177 km/h
Neupreis:	7.985,- DM

Produktionszeit:	1977-84
Stückzahl:	18.522
Motor:	2-Zyl ohv/2 V
Hubraum:	797 cm^3
Bohrung x Hub:	84,8 x 70,6 mm
Verdichtung:	8,0:1 (9,2:1)
Leistung:	50 PS (37 kW)/7.250/min 55 PS (40 kW)/7.000/min
Vergaser:	2 x 32 mm Bing Gleichdruck
Zündung:	Bosch Batteriezündung
Kupplung:	1 Scheibe
Getriebe:	5 Gänge
Rahmen:	Doppelschleifen-Rohrrahmen
Radstand:	1.465 mm
Federung vorn:	Telegabel
Federung hinten:	Doppelschwinge
Reifen vorn:	3.25H19
Reifen hinten:	4.00H18
Bremse vorn:	Scheibe, 260 mm
Bremse hinten:	Trommel, 200 mm
Leergew. getankt:	215 kg
Tankinhalt:	24 Liter
Höchstgeschw.:	170 km/h (180 km/h)
Neupreis:	7.990,- DM

Mit der /7-Reihe verschwanden die 900er aus dem Programm, diese wurden von den 1000ern abgelöst. Im mittleren Hubraumsegment ersetzte die R 80/7 mit 800 Kubik Hubraum und 50 PS 1977 die 750er. Die neue Mittelklasse-BMW kam zu einiger Beliebtheit und blieb sieben Jahre im Programm. Sie durfte also die Zeit der Gußräder miterleben. Auf Wunsch war eine 55-PS-Ausführung mit höherer Verdichtung erhältlich.
Nach dem Auslaufen der R 60/7 übernahm die R 80 deren Rolle als Behördenkrad.

Im Herbst 1976 stellt BMW drei Modelle mit einem Liter Hubraum vor. Die biederste der drei war die nackte R 100/7, das Basismodell, das allerdings nur zwei Jahre im Programm blieb. Die Verkaufszahlen der besser ausgestatteten Modelle bewiesen, daß die Kundschaft gern bereit war, etwas mehr zu zahlen, kein Wunder also, daß die R 100/7 nicht lange im Programm stand. Bis auf den Hubraum war sie mit der R 80/7 in der ersten Ausführung identisch.Der Neupreis betrug 8.590,- DM.

Produktionszeit:	1976-78
Stückzahl:	12.056
Motor:	2-Zyl. ohv/2 V
Hubraum:	980 cm^3
Bohrung x Hub:	94 x 70,6 mm
Verdichtung:	9,0:1
Leistung:	60 PS (44,1 kW)/6.500/min
Vergaser:	2 x 32 mm Bing Gleichdruck
Zündung:	Bosch Batteriezündung
Kupplung:	1 Scheibe
Getriebe:	5 Gänge
Rahmen:	Doppelschleifen-Rohrrahmen
Radstand:	1.465 mm
Federung vorn:	Telegabel
Federung hinten:	Doppelschwinge
Reifen vorn:	3.25H19
Reifen hinten:	4.00H18
Bremse vorn:	Scheibe, 260 mm
Bremse hinten:	Trommel, 200 mm
Leergew. getankt:	215 kg
Tankinhalt:	24 Liter
Höchstgeschw.:	188 km/h

Produktionszeit:	1976-78
Stückzahl:	11.762
Motor:	2-Zyl. ohv/2 V
Hubraum:	980 cm^3
Bohrung x Hub:	94 x 70,6 mm
Verdichtung:	9,5:1
Leistung:	65 PS (48 kW)/6.600/min, 1978: 70 PS/7.250/min
Vergaser:	2 x 40 mm Bing Gleichdruck
Zündung:	Bosch Batteriezündung
Kupplung:	1 Scheibe
Getriebe:	5 Gänge
Rahmen:	Doppelschleifen-Rohrrahmen
Radstand:	1.465 mm
Federung vorn:	Telegabel
Federung hinten:	Doppelschwinge
Reifen vorn:	3.25H19
Reifen hinten:	4.00H18
Bremse vorn:	Scheibe, 2 x 260 mm
Bremse hinten:	Trommel, 200 mm
Leergew. getankt:	220 kg
Tankinhalt:	24 Liter
Höchstgeschw.:	200 km/h
Neupreis:	10.190,- DM

Die R 100 S, die zweite der drei zur IFMA 1976 lancierten Einliter-BMW, übernahm den Part des Sportmodells, wurde aber nie so beliebt wie die Vorgängerin R 90 S. Auch gegenüber der vollverschalten R 100 RS konnte sie sich nie so recht in Szene setzen. Zweifelsohne war die R 100 S ein schnelles Motorrad, doch das genügte nicht. Kennzeichen der gesamten Modellreihe war die deutlich gröbere Schwinge und eine zusätzliche Querstrebe hinter dem Lenkkopf.

Dieses Modell prägt das BMW–Modellangebot bis heute. Die RS, das Kürzel für »Rennsport«, sollte ein Sporttourer sein, flott genug für die Kurvenhatz, aber auch komfortabel für lange Reisen. Die RS blieb sieben Jahre, immer wieder modellgepflegt, im Programm. Nach einigen Jahre Pause kam es sogar zu einer Neuauflage. Mit der Vollverkleidung setzte BMW Zeichen. Am Anfang auf Drahtspeichenrädern und hinten eine Trommelbremse, erhielt das BMW-Flaggschiff 1981, wie die gesamte Reihe, Brembo-Bremszangen und Gußräder. Gleichzeitig kam eine größere Ölwanne, ein anderer Luftfilter und eine elektronischen Zündung zum Zug. Die Zylinder waren Nikasil-beschichtet. Eine Sonderversion in Weiß beendete die Reihe.

Produktionszeit:	1976-84
Stückzahl:	33.648
Motor:	2-Zyl ohv/2 V
Hubraum:	980 cm^3
Bohrung x Hub:	94 x 70,6 mm
Verdichtung:	9,5:1
Leistung:	70 PS (51 kW)/7.250/min
Vergaser:	2 x 40 mm Bing Gleichdruck
Zündung:	Bosch Batteriezündung
Kupplung:	1 Scheibe
Getriebe:	5 Gänge
Rahmen:	Doppelschleifen-Rohrrahmen
Radstand:	1.465 mm
Federung vorn:	Telegabel
Federung hinten:	Doppelschwinge
Reifen vorn:	3.25H19
Reifen hinten:	4.00H18
Bremse vorn:	Scheibe, 2 x 260 mm
Bremse hinten:	Trommel, 200 mm, ab 1978 Scheibe, 260 mm
Leergew. getankt:	230 kg
Tankinhalt:	24 Liter
Höchstgeschw.:	200 km/h
Neupreis:	11.210,- DM

BMW R 100 RT

Produktionszeit:	1978-84
Stückzahl:	13.516
Motor:	2-Zyl. ohv/2 V
Hubraum:	980 cm^3
Bohrung x Hub:	94 x 70,6 mm
Verdichtung:	9,5:1
Leistung:	70 PS (51 kW)/7.250/min
Vergaser:	2 x 40 mm Bing Gleichdruck
Zündung:	Bosch Batteriezündung
Kupplung:	1 Scheibe
Getriebe:	5 Gänge
Rahmen:	Doppelschleifen-Rohrrahmen
Radstand:	1.465 mm
Federung vorn:	Telegabel
Federung hinten:	Doppelschwinge
Reifen vorn:	3.25H19
Reifen hinten:	4.00H18
Bremse vorn:	Scheibe, 2 x 260 mm
Bremse hinten:	Trommel, 200 mm, ab 1978 Scheibe, 260 mm
Leergew. getankt:	234 kg
Tankinhalt:	24 Liter
Höchstgeschw.:	185 km/h

Die RS kam sehr gut an – was lag also näher, auf dieser Basis einen »Fulldresser« made in Germany auf die Räder zu stellen, als Konkurrenz zu Gold Wing und Harley-Davidson? Die Kundschaft wußte schon längst, wie sie ihre Maschine noch tourentauglicher machen konnte, die Zubehörindustrie hatte alles Nötige. BMW lieferte allerdings schon ab Werk ein vollverkleidetes Motorrad mit dem notwendigen Zubehör: Koffer, Nivomat-Federung, kurzum: all die Kleinigkeiten, die das Leben auf Rädern bequemer machen. Die Technik entsprach ansonsten der der R 100 RS.
Seit dieser Zeit übrigens ist das BMW-Angebot ohne RT-Modelle undenkbar.
Neupreis: 11.480,- DM

Mit dem Auslaufen der Modelle 100/7 und 100 S ab 1978 klaffte ein Lücke im Programm, die BMW mit der R 100 T schloß. Das neue Basismodell trug die Bezeichnung »T« für Touring, und in der Tat gab es sie auf verschiedenen Märkten auch mit Windschutzscheibe und Koffern. Schön auch die wahlweise erhältliche Zweifarben-Lackierung. Das T-Modell wurde ab 1980 von der R 100 ohne Zusatzbezeichnung abgelöst, im Prinzip ohne daß sich etwas geändert hätte.
Neupreis: 9.290,- DM,
9.590.- DM

Produktionszeit:	1978-80 (1980-84)
Stückzahl:	5.463 (10.111)
Motor:	2-Zyl. ohv/2 V
Hubraum:	980 cm³
Bohrung x Hub:	94 x 70,6 mm
Verdichtung:	9,5:1 (8,2:1)
Leistung:	65 PS (47 kW)/6.600/min 67 PS (49 kW)/7.000/min
Vergaser:	2 x 40 mm Bing Gleichdruck
Zündung:	Bosch Batteriezündung (ab R 100 elektronisch)
Kupplung:	1 Scheibe
Getriebe:	5 Gänge
Rahmen:	Doppelschleifen-Rohrrahmen
Radstand:	1.465 mm
Federung vorn:	Telegabel
Federung hinten:	Doppelschwinge
Reifen vorn:	3.25H19
Reifen hinten:	4.00H18
Bremse vorn:	Scheibe, 2 x 260 mm
Bremse hinten:	Trommel, 200 mm
Leergew. getankt:	215 kg (218 kg)
Tankinhalt:	24 Liter
Höchstgeschw.:	195 km/h

BMW R 100 CS

Produktionszeit:	1980-84
Stückzahl:	4.038
Motor:	2-Zyl. ohv/2 V
Hubraum:	980 cm³
Bohrung x Hub:	94 x 70,6 mm
Verdichtung:	9,5:1
Leistung:	70 PS (51 kW)/7.000/min
Vergaser:	2 x 40 mm Bing Gleichdruck
Zündung:	Bosch Batteriezündung/ elektronisch
Kupplung:	1 Scheibe
Getriebe:	5 Gänge
Rahmen:	Doppelschleifen-Rohrrahmen
Radstand:	1.465 mm
Federung vorn:	Telegabel
Federung hinten:	Doppelschwinge
Reifen vorn:	3.25H19
Reifen hinten:	4.00H18
Bremse vorn:	Scheiben, 2 x 260 mm
Bremse hinten:	Trommel, 200 mm
Leergew. getankt:	220 kg
Tankinhalt:	24 Liter
Höchstgeschw.:	205 km/h
Neupreis:	11.260,- DM

Die CS sollte das Flaggschiff der Modellpalette werden, ausgestattet mit dem leistungsstärkeren Motor aus RS und RT sowie der kleinen Cockpitverkleidung des S-Modells. Ursprünglich waren Drahtspeichenräder vorgesehen, aber alle ausgelieferten Exemplare hatten Gußräder. Besonders gelungen wirkte das silberfarbene Sondermodell mit den zwei verschiedenen Blautönen und den hochglanzpolierten Aluteilen.

Ende der 70er versuchte BMW in der starken 27-PS-Klasse Fuß zu fassen und bot ein Einsteigermodell nach Art des Hauses an: ein vollwertiges Motorrad mit Boxermotor, das auf den ersten Blick kaum von den stärkeren Schwestermodellen zu unterscheiden war. Zeitgleich mit der im Ausland 35 PS starken R 45 wurde auch die R 65 eingeführt (siehe dort). Trotz der kompletten Ausstattung war die neue Einsteiger-BMW nicht so beliebt, wie sich das ihre Väter erhofft hatten. Gerade in der 27-PS-Klasse reichte das Gebotene kaum aus, um der japanischen Konkurrenz (CX 500!) Paroli bieten zu können – trotz der zahlreichen Vorteile.

Produktionszeit:	1978-85
Stückzahl:	28.158
Motor:	2-Zyl. ohv/2 V
Hubraum:	473,4 cm^3
Bohrung x Hub:	70 x 61,5 mm
Verdichtung:	9,2:1 (8,2:1)
Leistung:	35 PS (26 kW)/7.250/min (27 PS (20 kW)/6.500/min)
Vergaser:	2 x 28 mm Bing (2 x 26 mm)
Zündung:	Batteriezündung, elektronisch
Kupplung:	1 Scheibe
Getriebe:	5 Gänge
Rahmen:	Doppelschleifen-Rohrrahmen
Radstand:	1.400 mm
Federung vorn:	Telegabel
Federung hinten:	Doppelschwinge
Reifen vorn:	3.25S18
Reifen hinten:	4.00S18
Bremse vorn:	Scheibe, 260 mm
Bremse hinten:	Trommelbremse, 200 mm
Leergew. getankt:	205 kg
Tankinhalt:	22 Liter
Höchstgeschw.:	160 km/h (145 km/h)
Neupreis:	5.880,- DM

BMW R 65

Produktionszeit:	1978-85
Stückzahl:	29.454
Motor:	2-Zyl. ohv/2 V
Hubraum:	649,6 cm^3
Bohrung x Hub:	82 x 61,5 mm
Verdichtung:	9,2:1
Leistung:	45 PS (33 kW)/7.250/min, ab 1981 50 PS (37 kW)/7.250/min
Vergaser:	2 x 32 mm Bing Gleichdruck
Zündung:	Batteriezündung, elektronisch
Kupplung:	1 Scheibe
Getriebe:	5 Gänge
Rahmen:	Doppelschleifen-Rohrrahmen
Radstand:	1.400 mm
Federung vorn:	Telegabel
Federung hinten:	Doppelschwinge
Reifen vorn:	3.25S18 (oder H)
Reifen hinten:	4.00S18 (oder H)
Bremse vorn:	Scheiben, 2 x 260 mm
Bremse hinten:	Trommel, 200 mm
Leergew. getankt:	205 kg
Tankinhalt:	22 Liter
Höchstgeschw.:	175 km/h
Neupreis:	6.980,- DM

Gleichzeitig mit der R 45 wurde diese 650er auf der IFMA 1978 vorgestellt. Optisch mit der kleineren Schwester identisch, hatte sie deutlich mehr Leistung und wurde oft mit der aufpreispflichtigen vorderen Doppelscheibenbremse ausgeliefert. In Deutschland war sie weniger populär, verkaufte sich aber dafür um so besser zum Beispiel in Großbritannien. Ab 1981 stieg die Leistung von 45 auf 50 PS.

Als sportliche Alternative in der Mittelklasse trug die LS die rudimentären Merkmale eines Sportbikes: eine keilförmige Cockpitverkleidung, einen Sitzbankabschluß, der bald darauf auch an den K-Modellen zu sehen war, eine schwarze Auspuffanlage und einen Sportlenker.
Nach italienischem Vorbild war die Unterseite des Tanks mattschwarz lackiert. Trotz aller Sportkostümierung: Dieses Modell lebte nicht besonders lang, weswegen die Stückzahlen entsprechend gering ausfielen. Der Neupreis betrug 8.955,- DM.

Produktionszeit:	1981-85
Stückzahl:	6.389
Motor:	2-Zyl. ohv/2 V
Hubraum:	649,6 cm^3
Bohrung x Hub:	82 x 61,5 mm
Verdichtung:	9,2:1
Leistung:	50 PS (37 kW)/7.250/min
Vergaser:	2 x 32 mm Bing Gleichdruck
Zündung:	Batteriezündung, elektronisch
Kupplung:	1 Scheibe
Getriebe:	5 Gänge
Rahmen:	Doppelschleifen-Rohrrahmen
Radstand:	1.400 mm
Federung vorn:	Telegabel
Federung hinten:	Doppelschwinge
Reifen vorn:	3.25H18
Reifen hinten:	4.00H18
Bremse vorn:	Scheiben, 2 x 260 mm
Bremse hinten:	Trommel, 200 mm
Leergew. getankt:	207 kg
Tankinhalt:	22 Liter
Höchstgeschw.:	175 km/h

Produktionszeit:	1980-87
Stückzahl:	21.864
Motor:	2-Zyl. ohv/2 V
Hubraum:	797,5 cm^3
Bohrung x Hub:	84,4 x 70,6 mm
Verdichtung:	8,2:1
Leistung:	50 PS (37 kW)/6.500/min
Vergaser:	2 x 32 mm Bing Gleichdruck
Zündung:	Kontaktlos, elektronisch
Kupplung:	1 Scheibe
Getriebe:	5 Gänge
Rahmen:	Doppelschleifen-Rohrrahmen
Radstand:	1.465 mm
Federung vorn:	Telegabel
Federung hinten:	Monolever Einarmschwinge
Reifen vorn:	3.00-21
Reifen hinten:	4.00-18
Bremse vorn:	Scheibe, 1 x 260 mm
Bremse hinten:	Trommel, 200 mm
Leergew. getankt:	186 kg (P-D 205 kg)
Tankinhalt:	19,5 Liter (P-D 32 Liter)
Höchstgeschw.:	168 km/h
Neupreis:	8.290,- DM

Nach der Vorstellung in Avignon (Frankreich) wußte die Presse zunächst nicht, was man da gesehen hatte. Dieses Motorrad paßte in keine Schublade, und keiner konnte wissen, daß es eine neue Ära markierte. G/S stand für »Gelände/Straße«; sie wurde zum Synonym für eine »Reise-Enduro«. Neu war die Einarmschwinge mit entsprechender Hinterradnabe, ansonsten stammte alles aus dem BMW-Baukasten. 1982 kam ein Sondermodell mit größerem Tank und anderer Sitzbank unter der Bezeichnung »Paris-Dakar«, in Erinnerung an den BMW-Erfolg in der berühmten Wüstenrallye (1981, Hubert Auriol). Er siegte noch mal '83, während Gaston Rahier '84 die G/S-Fahne hochhielt.

Vor allem die Presse rief lautstark nach einer Straßenausführung der G/S, im Hinterkopf wohl das Erfolgsduo XT/SR 500. Doch was bei Yamaha glänzend glückte, lief bei BMW nur über zwei Produktionsjahre. Die ST war in jeder Hinsicht eine G/S mit Straßenbereifung und etwas zivilerer Garderobe, geriet aber nicht nach dem Geschmack der BMW-Klientel und blieb – unverdientermaßen – ein Nischenmodell.

Produktionszeit:	1982-84
Stückzahl:	5.963
Motor:	2-Zyl. ohv/2 V
Hubraum:	797,5 cm^3
Bohrung x Hub:	84,4 x 70,6 mm
Verdichtung:	8,2:1
Leistung:	50 PS (37 kW)/6.500/min
Vergaser:	2 x 32 mm Bing Gleichdruck
Zündung:	Kontaktlos, elektronisch
Kupplung:	1 Scheibe
Getriebe:	5 Gänge
Rahmen:	Doppelschleifen-Rohrrahmen
Radstand:	1.446 mm
Federung vorn:	Telegabel
Federung hinten:	Monolever Einarmschwinge
Reifen vorn:	100/90H19
Reifen hinten:	120/90H18
Bremse vorn:	Scheibe, 260 mm
Bremse hinten:	Trommel, 200 mm
Leergew. getankt:	198 kg
Tankinhalt:	19 Liter
Höchstgeschw.:	174 km/h
Neupreis:	9.490,- DM

Produktionszeit:	1982-84
Stückzahl:	7.315
Motor:	2-Zyl. ohv/2 V
Hubraum:	797,5 cm^3
Bohrung x Hub:	84,4 x 70,6 mm
Verdichtung:	8,2:1
Leistung:	50 PS (37 kW)/6.500/min
Vergaser:	2 x 32 mm Bing Gleichdruck
Zündung:	Kontaktlos, elektronisch
Kupplung:	1 Scheibe
Getriebe:	5 Gänge
Rahmen:	Doppelschleifen-Rohrrahmen
Radstand:	1.465 mm
Federung vorn:	Telegabel
Federung hinten:	Doppelschwinge
Reifen vorn:	3.25H19
Reifen hinten:	4.00H18
Bremse vorn:	Scheibe, 260 mm
Bremse hinten:	Trommel, 200 mm
Leergew. getankt:	235 kg
Tankinhalt:	24 Liter
Höchstgeschw.:	161 km/h
Neupreis:	10.990,- DM

Mit der Einführung der K-Reihe 1983, so lautete eine Entscheidung der Firmenleitung, hatten sich die weiterhin im Programm stehenden Boxer mit 800 Kubikzentimeter Hubraum zu bescheiden. Allerdings sollten innerhalb dieses Hubraumlimits die bewährten Zweizylinder in allen möglichen Varianten angeboten werden. Der Griff in den Baukasten führte dann zur R 80 RT. Doch bei diesem Schwergewicht stimmte die Relation von Leistung und Gewicht nicht, und nur ganz gutmütige und bescheidene Fahrer konnten mit dem Dickerchen zufrieden sein. Das Nachfolgemodell, ab 1984 gebaut, agierte viel erfolgreicher.

Mit neu gestylten Gußrädern präsentierte sich die nackte R 80 1984 als agiler Alleskönner und konnte fast als Sportmotorrad gelten. Die Modifikationen an Ansaugtrakt und Auspuffanlage hatten zu einem deutlich besseren Drehmomentverlauf geführt. Die Gabel kam von der K 100. Kurzum: Die R 80 war alles in allem ein äußerst gelungenes Basismodell, das aber leider von den Käufern zugunsten exklusiverer Varianten verschmäht wurde. Nebenbei: Der Motor dieser Boxer-BMW war die erste der Zweizylinder-Generation, die bleifreien Sprit vertrug.

Produktionszeit:	1984-92
Stückzahl:	13.815
Motor:	2-Zyl. ohv/2 V
Hubraum:	797,5 cm^3
Bohrung x Hub:	84,4 x 70,6 mm
Verdichtung:	8,2:1
Leistung:	50 PS (37 kW)/6.500/min
Vergaser:	2 x 32 mm Bing Gleichdruck
Zündung:	Kontaktlos, elektronisch
Kupplung:	1 Scheibe
Getriebe:	5 Gänge
Rahmen:	Doppelschleifen-Rohrrahmen
Radstand:	1.447 mm
Federung vorn:	Telegabel
Federung hinten:	Monolever Einarmschwinge
Reifen vorn:	90/90-18 51H
Reifen hinten:	120/90-18 65H
Bremse vorn:	Scheibe, 285 mm
Bremse hinten:	Trommel, 200 mm
Leergew. getankt:	210 kg
Tankinhalt:	22 Liter
Höchstgeschw.:	178 km/h
Neupreis:	10.440,- DM

BMW R 80 RT

Produktionszeit:	1984-95
Stückzahl:	22.069
Motor:	2-Zyl. ohv/2 V
Hubraum:	797,5 cm³
Bohrung x Hub:	84,4 x 70,6 mm
Verdichtung:	8,2:1
Leistung:	50 PS (37 kW)/6.500/min
Vergaser:	2 x 32 mm Bing Gleichdruck
Zündung:	Kontaktlos, elektronisch
Kupplung:	1 Scheibe
Getriebe:	5 Gänge
Rahmen:	Doppelschleifen-Rohrrahmen
Radstand:	1.447 mm
Federung vorn:	Telegabel
Federung hinten:	Monolever Einarmschwinge
Reifen vorn:	90/90-18 51H
Reifen hinten:	120/90-18 65H
Bremse vorn:	Scheibe, 285 mm
Bremse hinten:	Trommel, 200 mm
Leergew. getankt:	227 kg
Tankinhalt:	22 Liter
Höchstgeschw.:	170 km/h
Neupreis:	12.690,- DM

Diese zweite Generation der Mittelklasse-Tourer vertrug ebenfalls bleifreien Sprit und entsprach auch ansonsten in ihren technischen Eckwerten der gleichzeitig eingeführten Basis-R 80, mitsamt Einarmschwinge und Gußrädern. Mit dem verbesserten Drehmomentverlauf sowie dem niedrigeren Gewicht lief sie besser als die Vorgängerin und erreichte auch bessere Verkaufszahlen.

Auch das kleinste Modell in der BMW-Palette erhielt einen bleifreien Nachfolger, der ein Jahr nach der R 80 eingeführt wurde. R 65 und R 80 waren, abgesehen vom Hubraum, ansonsten identisch – leider auch beim Preis: Da eine R 80 kaum mehr kostete als eine 650er, griffen die meisten Käufer lieber zur größeren Maschine; die Verkaufszahlen der R 65 blieben stets bescheiden. Im Grunde genommen gab es nur ein einziges Argument, das für die Anschaffung der kleinen BMW sprach: Sie war nur in dieser Ausführung mit versicherungsfreundlichen 27 PS lieferbar.

Produktionszeit:	1985-93
Stückzahl:	8.260
Motor:	2-Zyl. ohv/2 V
Hubraum:	649,6 cm^3
Bohrung x Hub:	82 x 61,5 mm
Verdichtung:	8,7:1 (8,4:1)
Leistung:	48 PS (35 kW)/7.250/min 27 PS (20 kW)/5.500/min
Vergaser:	2 x 32 mm Bing Gleichdruck (2 x 26 mm)
Zündung:	Kontaktlos, elektronisch
Kupplung:	1 Scheibe
Getriebe:	5 Gänge
Rahmen:	Doppelschleifen-Rohrrahmen
Radstand:	1.447 mm
Federung vorn:	Telegabel
Federung hinten:	Monolever Einarmschwinge
Reifen vorn:	90/90-18 51 H (S)
Reifen hinten:	120/90-18 65 H (S)
Bremse vorn:	Scheibe, 285 mm
Bremse hinten:	Trommel, 200 mm
Leergew. getankt:	205 kg
Tankinhalt:	22 Liter
Höchstgeschw.:	173 km/h (155 km/h)
Neupreis:	8.980,- DM

BMW R 100 RS

Produktionszeit:	1986-92
Stückzahl:	6.081
Motor:	2-Zyl. ohv/2 V
Hubraum:	980 cm^3
Bohrung x Hub:	94 x 70,6 mm
Verdichtung:	8,45:1
Leistung:	60 PS (44 kW)/6.500/min
Vergaser:	2 x 32 mm Bing Gleichdruck
Zündung:	Kontaktlos, elektronisch
Kupplung:	1 Scheibe
Getriebe:	5 Gänge
Rahmen:	Doppelschleifen-Rohrrahmen
Radstand:	1.447 mm
Federung vorn:	Telegabel
Federung hinten:	Monolever Einarmschwinge
Reifen vorn:	90/90-18 51 H
Reifen hinten:	120/90-18 65 H
Bremse vorn:	Scheiben, 2 x 285 mm
Bremse hinten:	Trommel, 200 mm
Leergew. getankt:	229 kg
Tankinhalt:	22 Liter
Höchstgeschw.:	185 km/h
Neupreis:	15.700,- DM

Zwei Jahre gab es im Programm kein Boxer-Motorrad mit einem Liter Hubraum, dann endlich wurden die Fans wieder erhört. Technisch gesehen war der neue Motor identisch mit dem Aggregat der R 80 – und entsprechend auch auf den Betrieb mit bleifreiem Sprit ausgelegt. Ein richtig großer Erfolg wurde die neue RS nie, die hauseigene Konkurrenz in Gestalt der Drei- und Vierzylinder K-Modelle ließ nur eingefleischte Traditionalisten zum Einliter-Boxer greifen. Schade: Sie hätte mehr verdient, denn man durfte sie mit Fug und Recht als gelungenes Motorrad bezeichnen.

Zu den Zweiventil-Boxern, die bleifreien Sprit vertrugen, gehörte auch wieder eine RT mit einem Liter Hubraum. Technisch entsprach sie der RS, abgesehen von der größeren Tourenverkleidung. BMW präsentierte seinen Tourendampfer ein Jahr nach der RS und war mit den Verkaufszahlen immerhin so zufrieden, daß man sie noch im Programm hielt, als die RS schon ausgelaufen war.

Produktionszeit:	1987-96
Stückzahl:	9.738
Motor:	2-Zyl. ohv/2 V
Hubraum:	980 cm^3
Bohrung x Hub:	94 x 70,6 mm
Verdichtung:	8,45:1
Leistung:	60 PS (44 kW)/6.500/min
Vergaser:	2 x 32 mm Bing Gleichdruck
Zündung:	Kontaktlos, elektronisch
Kupplung:	1 Scheibe
Getriebe:	5 Gänge
Rahmen:	Doppelschleifen-Rohrrahmen
Radstand:	1.447 mm
Federung vorn:	Telegabel
Federung hinten:	Monolever Einarmschwinge
Reifen vorn:	90/90-18 51 H
Reifen hinten:	120/90-18 65 H
Bremse vorn:	Scheiben, 2 x 285 mm
Bremse hinten:	Trommel, 200 mm
Leergew. getankt:	229 kg
Tankinhalt:	22 Liter
Höchstgeschw.:	185 km/h
Neupreis:	16.150,- DM

BMW R 65 GS

Produktionszeit:	1987-92
Stückzahl:	1.727
Motor:	2-Zyl. ohv/2 V
Hubraum:	649,6 cm^3
Bohrung x Hub:	82 x 61,5 mm
Verdichtung:	8,4:1
Leistung:	27 PS (20 kW)/5.500/min
Vergaser:	2 x 26 mm Bing Gleichdruck
Zündung:	Kontaktlos, elektronisch
Kupplung:	1 Scheibe
Getriebe:	5 Gänge
Rahmen:	Doppelschleifen-Rohrrahmen
Radstand:	1.465 mm
Federung vorn:	Telegabel
Federung hinten:	Monolever Einarmschwinge
Reifen vorn:	3.00-21 48 R
Reifen hinten:	4.00-18 64 R
Bremse vorn:	Scheibe, 260 mm
Bremse hinten:	Trommel, 200 mm
Leergew. getankt:	198 kg
Tankinhalt:	19,5 Liter
Höchstgeschw.:	146 km/h
Neupreis:	9.200,- DM

Auch wenn die alte G/S zugunsten der neuen GS-Generation aus dem Programm genommen worden war: Die »kleine« GS (die das Chassis der Ur-GS mit Einarmschwinge ohne Paralever-Strebe erhielt) war ein vollwertiger Ersatz, trotz der Umstellung auf Bleifreies und des Hubraum-Defizits. Sie gilt noch heute als Geheimtip unter Liebhabern, obwohl ihre Leistung mit versicherungsgünstigen 27 PS nicht gerade hoch ausfiel.

Zusammen mit der R 100 GS interpretierte die R 80 GS das Konzept Reise-Enduro völlig neu. Bei diesen Modellen war erstmals das BMW-Paralever-System zu sehen, das einen Lastwechselausgleich zum Hinterrad ermöglichte. Obwohl für viele Käufer im Schatten der 100 GS weniger interessant, verkaufte sie sich mäßig, aber regelmäßig und konnte sich, über die Jahre gesehen, ganz gut behaupten.
Sie bekam, wie ihre Schwester, nach zwei Produktionsjahren eine rahmenfeste Verkleidung. Siehe auch R 100 GS.

Produktionszeit:	1987-96
Stückzahl:	11.375
Motor:	2-Zyl. ohv/2 V
Hubraum:	797,5 cm^3
Bohrung x Hub:	84,8 x 70,6 mm
Verdichtung:	8,2:1
Leistung:	50 PS (37 kW)/6.500/min
Vergaser:	2 x 32 mm Bing Gleichdruck
Zündung:	Kontaktlos, elektronisch
Kupplung:	1 Scheibe
Getriebe:	5 Gänge
Rahmen:	Doppelschleifen-Rohrrahmen
Radstand:	1.514 mm
Federung vorn:	Telegabel
Federung hinten:	Paralever Einarmschwinge
Reifen vorn:	90/90-21 S
Reifen hinten:	130/80-17 S
Bremse vorn:	Scheibe, 285 mm
Bremse hinten:	Trommel, 200 mm
Leergew. getankt:	210 kg
Tankinhalt:	24 Liter
Höchstgeschw.:	168 km/h
Neupreis:	10.950,- DM

BMW R 100 GS (+ Paris-Dakar)

Produktionszeit:	1987-96
Stückzahl:	34.007
Motor:	2-Zyl. ohv/2 V
Hubraum:	980 cm^3
Bohrung x Hub:	94 x 70,6 mm
Verdichtung:	8,5:1
Leistung:	60 PS (44 kW)/6.500/min
Vergaser:	2 x 40 mm, Bing Gleichdruck
Zündung:	Kontaktlos, elektronisch
Kupplung:	1 Scheibe
Getriebe:	5 Gänge
Rahmen:	Doppelschleifen-Rohrrahmen
Radstand:	1.514 mm
Federung vorn:	Telegabel
Federung hinten:	Paralever Einarmschwinge
Reifen vorn:	90/90-21 T (H)
Reifen hinten:	130/80-17 T (H)
Bremse vorn:	Scheibe, 285 mm
Bremse hinten:	Trommel, 200 mm
Leergew. getankt:	210 kg (P-D: 236 kg)
Tankinhalt:	24 Liter (P-D: 35 Liter)
Höchstgeschw.:	181 km/h (P-D: 180 km/h)
Neupreis:	12.990,- DM (15.190,- DM)

Der ultimative Jeep auf zwei Rädern erschien mit der R 100 GS 1987. Obwohl mit der R 80 G/S ein Motorrad nach dem gleichen Konzept auf dem Markt war, sorgte erst die 1000er so richtig für Furore; und erst jetzt entwickelte sich werksseitig das Zubehörprogramm für Abenteuer-Urlauber. Technisch war die 1000er mit der R 80 GS identisch, unterschied sich durch den Windabweiser um den Schweinwerfer und den Ölkühler am Sturzbügel von dieser – und die zehn Mehr-PS. Die Sonderversion Paris-Dakar hatte von Anfang an die rahmenfeste Verkleidung (die zu dem 35 Liter großen Tank paßte) sowie einige Zubehörteile, die das Motorrad Sahara-tauglich machen sollten.

Wie auch bei der ersten G/S folgte dem Gelände- ein Straßenmodell, das allerdings deutlich erfolgreicher agierte als die Straßen-800er. Mit anderen Federelementen, Rädern und neuem Auspuff versehen, war die R ein schickes Naked-Bike, das im Grunde genommen das nachvollzog, was viele Besitzer an ihrer GS schon vorexerziert hatten. Die etwas teuere Ausführung hieß »Mystic« und wurde 1993 vorgestellt, sie hatte filigranere Instrumente, einen schöneren Heckabschluß und einen niedrigeren Lenker. Der Neupreis betrug 13.450,- DM.

Produktionszeit:	1991-96
Stückzahl:	20.589
Motor:	2-Zyl. ohv/2 V
Hubraum:	980 cm³
Bohrung x Hub:	94 x 70,6 mm
Verdichtung:	8,5:1
Leistung:	60 PS (44 kW)/6.500/min
Vergaser:	2 x 40 mm Bing Gleichdruck
Zündung:	Kontaktlos, elektronisch
Kupplung:	1 Scheibe
Getriebe:	5 Gänge
Rahmen:	Doppelschleifen-Rohrrahmen
Radstand:	1.495 mm
Federung vorn:	Telegabel
Federung hinten:	Paralever Einarmschwinge
Reifen vorn:	110/80-V18
Reifen hinten:	140/80-V17
Bremse vorn:	Scheibe, 285 mm
Bremse hinten:	Trommel, 200 mm
Leergew. getankt:	218 kg (Mystic 215 kg)
Tankinhalt:	24 Liter
Höchstgeschw.:	181 km/h

BMW R 80 R

Produktionszeit:	1992-94
Stückzahl:	3.593
Motor:	2-Zyl. ohv/2 V
Hubraum:	797,5 cm^3
Bohrung x Hub:	84,8 x 70,6 mm
Verdichtung:	8,2:1
Leistung:	50 PS (37 kW)/6.000/min, 34 PS (25 kW)/6.000/min, 27 PS (20 kW)/5.500/min
Vergaser:	2 x 32 mm Bing Gleichdruck
Zündung:	Kontaktlos, elektronisch
Kupplung:	1 Scheibe
Getriebe:	5 Gänge
Rahmen:	Doppelschleifen-Rohrrahmen
Radstand:	1.495 mm
Federung vorn:	Telegabel
Federung hinten:	Paralever Einarmschwinge
Reifen vorn:	110/80-V18
Reifen hinten:	140/80-V17
Bremse vorn:	Scheibe, 285 mm
Bremse hinten:	Trommel, 200 mm
Leergew. getankt:	217 kg
Tankinhalt:	24 Liter
Höchstgeschw.:	168 km/h (148 / 145 km/h)

Ab dem Modelljahr 1992 gab es das R-Modell auch in einer Ausführung mit 800 cm^3, die deutlich bunter daherkam als ihre eher Ton-in-Ton lackierte Schwester. Wie die R 100 R hatte sie die runden Ventildeckel, auch ansonsten entsprach sie, abgesehen von Lackierung und Hubraum, dem Einliter-Modell. Erhältlich zunächst mit 27 PS, später, gemäß den neuen Bestimmungen, auch mit 34 PS. Offen leistete sie 50 PS, zehn weniger als die große Schwester.
Neupreis: 13.250,- DM

Die vierzylindrige K 100 war, als sie auf den Markt kam, keine Sensation mehr. Erlkönige und Vorserien-Prototypen waren genug gesichtet worden, lange vor jenem Tag im September 1983, als sie offiziell erschien. Und trotzdem erregte sie Aufmerksamkeit. Schließlich war die K das erste BMW-Modell der Neuzeit, das keinen Boxer-Motor hatte. Der wassergekühlte Vierzylinder-Antrieb saß längs im Rahmen. Die Kraftübertragung zum Hinterrad erfolgte, wie gewohnt, über einen Kardan. Die Blende um den Wasserkühler zeigte die typische BMW-Nierenform, die seit über 50 Jahren die Frontpartie der BMW-Automobile prägte. Die erste K-Baureihe der Basis-Ausführung benötigte übrigens verbleiten Sprit.

Produktionszeit:	1983-90
Stückzahl:	12.871
Motor:	4-Zyl. DOHC/2 V
Hubraum:	987 cm^3
Bohrung x Hub:	67 x 70 mm
Verdichtung:	10,2:1
Leistung:	90 PS (66 kW)/8.000/min
Gemischaufber.:	Bosch LE-Jetronic
Kupplung:	1 Scheibe
Getriebe:	5 Gänge
Rahmen:	Gitterrohrrahmen,
Radstand:	1.516 mm
Federung vorn:	Telegabel
Federung hinten:	Monolever Einarmschwinge
Reifen vorn:	100/90-V18
Reifen hinten:	130/90-V17
Bremse vorn:	Scheiben, 2 x 285 mm
Bremse hinten:	Scheibe, 285 mm
Leergew. getankt:	239 kg (K100/2 ab '87: 240 kg)
Tankinhalt:	22 Liter (K 100/2 ab '87 21 Liter)
Höchstgeschw.:	215 km/h
Neupreis:	12.490,- DM

BMW K 100 RS

Produktionszeit:	1983-93
Stückzahl:	34.804
Motor:	4-Zyl. DOHC/2 V
Hubraum:	987 cm³
Bohrung x Hub:	67 x 70 mm
Verdichtung:	10,2:1
Leistung:	90 PS (66 kW)/8.000/min
Gemischaufber.:	Elektronische Einspritzung, Bosch LE-Jetronic
Kupplung:	1 Scheibe
Getriebe:	5 Gänge
Rahmen:	Gitterrohrrahmen, Motor mittragend
Radstand:	1.516 mm
Federung vorn:	Telegabel
Federung hinten:	Monolever Einarmschwinge
Reifen vorn:	100/90-V18 (oder VR18)
Reifen hinten:	130/90-V17 (oder VR17)
Bremse vorn:	Scheiben, 2 x 285 mm
Bremse hinten:	Scheibe, 285 mm
Leergew. getankt:	249 kg
Tankinhalt:	22 Liter
Höchstgeschw.:	220 km/h
Neupreis:	15.190,- DM

Die vollverkleidete RS erschien kurz nach Ersteinführung der Basisversion und war von Anfang an ein Bestseller. Von allen Zweiventilern der K-Reihe verkaufte sie sich am besten. Dank des niedrigen Lenkers und der steil angestellten Verkleidung (die übrigens auch höchst wirkungsvoll war) war sie ebenso sportlich wie auch tourentauglich, kurzum: erste, wenn auch teure, Wahl für alle, die schnelle Tagesetappen zurücklegen wollten. Für die K 100-Modelle war von BMW ab 1988 auch ABS als Sonderaustattung erhältlich.

Als drittes Modell in der K-Reihe folgte eine voll ausgestattete RT, ein Tourendampfer, der ab Werk noch mit allerlei Zubehör aufgerüstet werden konnte. Der Fulldresser kostete bei der Einführung natürlich etwas mehr als die RS, war aber technisch mit dieser identisch, abgesehen von der hohen Tourenverkleidung.

Produktionszeit:	1984-89
Stückzahl:	22.335
Motor:	4-Zyl. DOHC/2 V
Hubraum:	987 cm^3
Bohrung x Hub:	67 x 70 mm
Verdichtung:	10,2:1
Leistung:	90 PS (66 kW)/8.000/min
Gemischaufber.:	Bosch LE-Jetronic Einspritzung
Kupplung:	1 Scheibe
Getriebe:	5 Gänge
Rahmen:	Gitterrohrrahmen, Motor mittragend
Radstand:	1.516 mm
Federung vorn:	Telegabel
Federung hinten:	Monolever Einarmschwinge
Reifen vorn:	100/90-V18, oder VR18
Reifen hinten:	130/90-V17 oder VR17
Bremse vorn:	Scheiben, 2 x 285 mm
Bremse hinten:	Scheibe, 285 mm
Leergew. getankt:	253 kg
Tankinhalt:	22 Liter
Höchstgeschw.:	215 km/h
Neupreis:	15.600,- DM

BMW K 100 LT

Produktionszeit:	1986-91
Stückzahl:	14.899
Motor:	4-Zyl. DOHC/2 V
Hubraum:	987 cm^3
Bohrung x Hub:	67 x 70 mm
Verdichtung:	10,2:1
Leistung:	90 PS (66 kW)/8.000/min
Gemischaufber.:	Bosch LE-Jetronic Einspritzung
Kupplung:	1 Scheibe
Getriebe:	5 Gänge
Rahmen:	Gitterrohrrahmen, Motor mittragend
Radstand:	1.516 mm
Federung vorn:	Telegabel
Federung hinten:	Monolever Einarmschwinge
Reifen vorn:	100/90-V18 oder VR18
Reifen hinten:	130/90-V17 oder VR17
Bremse vorn:	Scheiben, 2 x 285 mm
Bremse hinten:	Scheibe, 285 mm
Leergew. getankt:	283 kg
Tankinhalt:	22 Liter
Höchstgeschw.:	215 km/h
Neupreis:	18.530,- DM

Die LT begann ihre Karriere zunächst als Sonderserie der normalen RT in deren zweitem Produktionsjahr. Das »L« stand für Luxus, und BMW verstand darunter eine RT mit Radio, Topcase, Sonderlackierung und üppig aufgepolsterter Sitzbank. Der ganze Luxus trieb allerdings das Gewicht erheblich in die Höhe, auch preislich fiel der Aufschlag recht happig aus. Das schmälerte ihre Popularität allerdings überhaupt nicht; nach drei Jahren trat sie die Nachfolge der RT-Reihe an, die dann ganz aus dem Programm verschwand.

Der Dreizylinder wurde gleichzeitig mit der Vierzylinder-K-Reihe entwickelt, mußte aber aus marktpolitischen Gründen zwei Jahre auf sein Debut warten. In Radstand und allen übrigen Fahrwerksdaten war die seinerzeit einzige Dreizylinder-Maschine auf dem Markt identisch mit der größeren K, dennoch agierte sie viel handlicher als der große Vierzylinder und gewann schnell an Beliebtheit. Die Cockpitverkleidung gab es nur für diese erste Ausführung der 750er, welche die Zusatzbezeichnung C trug. Alle Dreizylinder konnten ab 1990 mit ABS ausgestattet werden. Ende 1991 gab es auch ungeregelte Katalysatoren zum Nachrüsten.

Produktionszeit:	1985-90
Stückzahl:	9.566
Motor:	3-Zyl. DOHC/2 V
Hubraum:	740 cm^3
Bohrung x Hub:	67 x 70 mm
Verdichtung:	11,0:1
Leistung:	75 PS (55 kW)/8.500/min
Gemischaufber.:	Bosch LE-Jetronic Einspritzung
Kupplung:	1 Scheibe
Getriebe:	5 Gänge
Rahmen:	Gitterrohrrahmen, Motor mittragend
Radstand:	1.516 mm
Federung vorn:	Telegabel
Federung hinten:	Monolever Einarmschwinge
Reifen vorn:	100/90-18 56H
Reifen hinten:	120/90-18 56H
Bremse vorn:	Scheiben, 2 x 285 mm
Bremse hinten:	Trommel, 200 mm
Leergew. getankt:	227 kg
Tankinhalt:	21 Liter
Höchstgeschw.:	200 km/h
Neupreis:	12.890,- DM

BMW K 75 S

Produktionszeit:	1985-95
Stückzahl:	18.649
Motor:	3-Zyl. DOHC/2 V
Hubraum:	740 cm³
Bohrung x Hub:	67 x 70 mm
Verdichtung:	11,0:1
Leistung:	75 PS (55 kW)/8.500/min
Gemischaufber.:	Bosch LE-Jetronic Einspritzung
Kupplung:	1 Scheibe
Getriebe:	5 Gänge
Rahmen:	Gitterrohrrahmen, Motor mittragend
Radstand:	1.516 mm
Federung vorn:	Telegabel
Federung hinten:	Monolever Einarmschwinge
Reifen vorn:	100/90-18 56V
Reifen hinten:	130/90-17 68V
Bremse vorn:	Scheiben, 2 x 285 mm
Bremse hinten:	Scheibe, 285 mm
Leergew. getankt:	229 kg
Tankinhalt:	21 Liter
Höchstgeschw.:	210 km/h
Neupreis:	13.990,- DM

Merkmal der sportlichen K 75 S waren die verkürzten Federwege, eine Auslegung die später als Sportkit auch für die Vierzylinder angeboten wurde. Optisch dominierte die Halbschalenverkleidung mit rahmenfester Instrumentierung. Obwohl die Basisausführung hinten per Trommel verzögert wurde, bekam die S von Anfang an eine Scheibenbremse und ein 17-Zoll-Rad hinten.
Ab 1989 gehörte der Motorspoiler zur Serienaustattung. In Deutschland weniger beliebt, verkaufte sie sich auf anderen Märkten um so besser. Wie alle K 75-Modelle bekam auch die S in den letzten Jahren die neuen Dreispeichenräder von BMW.

Die Basis-K 75 wurde erst 1986 eingeführt und sollte vor allem jüngere Kunden ansprechen. Deshalb entfiel die Cockpitverkleidung des C-Modells. An ihre Stelle rückte ein runder, verchromter Scheinwerfer. Die Sitzbank, mit 760 oder 800 mm Sitzhöhe, war in der ersten Serie rot, mit roten Zierlinien auf den schwarzen Lack abgestimmt. Ab 1990 hatte dieses Modell außerdem das Sportfahrwerk der K 75 S und 17-Zoll-Hinterrad mit Scheibenbremse hinten. Der etwas niedrigere Preis machte bald die K 75 C überflüssig. Der Neupreis betrug 11.990,- DM.

Produktionszeit:	1986-96
Stückzahl:	18.485
Motor:	3-Zyl. DOHC/2 V
Hubraum:	740 cm^3
Bohrung x Hub:	67 x 70 mm
Verdichtung:	11,0:1
Leistung:	75 PS (55 kW)/8.500/min
Gemischaufber.:	Bosch LE-Jetronic Einspritzung
Kupplung:	1 Scheibe
Getriebe:	5 Gänge
Rahmen:	Gitterrohrrahmen,
Radstand:	1.516 mm
Federung vorn:	Telegabel
Federung hinten:	Monolever Einarmschwinge
Reifen vorn:	100/90-18 56 H
Reifen hinten:	120/90-18 56 H
Bremse vorn:	Scheiben, 2 x 285 mm
Bremse hinten:	Trommel, 200 mm
Leergew. getankt:	227 kg
Tankinhalt:	21 Liter
Höchstgeschw.:	200 km/h

Produktionszeit:	1989-96
Stückzahl:	21.264
Motor:	3-Zyl. DOHC/2 V
Hubraum:	740 cm^3
Bohrung x Hub:	67 x 70 mm
Verdichtung:	11,0:1
Leistung:	75 PS (55 kW)/8.500/min
Gemischaufber.:	Bosch LE-Jetronic Einspritzung
Kupplung:	1 Scheibe
Getriebe:	5 Gänge
Rahmen:	Gitterrohrrahmen, Motor mittragend
Radstand:	1.516 mm
Federung vorn:	Telegabel
Federung hinten:	Monolever Einarmschwinge
Reifen vorn:	100/90-V18
Reifen hinten:	130/90-V17
Bremse vorn:	Scheiben, 2 x 285 mm
Bremse hinten:	Scheibe, 285 mm
Leergew. getankt:	258 kg
Tankinhalt:	21 Liter
Höchstgeschw.:	185 km/h

Noch bei ihrer Einführung zum Modelljahr 1991 galt sie als tolles Tourenmotorrad, da ihr aber während der gesamten Produktionszeit keinerlei technische Weiterentwicklung zuteil wurde – weder in Form von Vierventil-Zylinderköpfen noch einer Paraleverschwinge – geriet sie gegenüber der moderneren Konkurrenz mehr und mehr ins Hintertreffen. Die Modellpflege beschränkte sich auf andere Gußfelgen, den Einsatz einer verstellbaren Windschutzscheibe 1993 und schließlich den Einbau eines Katalysators und des ABS-Systems. Die RT (wie die Basis-K 75 auch) verabschiedete sich 1996 nach zehn Jahren Produktion mit einer Sonderversion namens »Ultima«. Der Neupreis betrug 16.900,- DM.

Die K 1 vom September 1988 war nach BMW-Lesart ein »Image- und Technologieträger«, doch die gewöhnungsbedürftige Optik, ein hoher Preis und die Zusatzbezeichnung »Sondermodell« schreckten die Käufer ab. Die Aerodynamik dieser K-Variante war hervorragend, und dieser Motor bildete den ersten Vierventiler. Brennraumprofil und Ventilwinkel wurden im Vergleich zum alten Zweiventiler ebenfalls geändert. Die Ventileinstellung erfolgte ab diesem Motor über ein Sortiment von verschiedenen Tassenstößel; die Ventileinstellplättchen entfielen. Nach der GS bekam auch die K1 die Paralever-Hinterradaufhängung sowie eine anständige Bremsanlage. Nach fast 7000 Exemplaren lief mit den gelben Ultima die K1-Reihe aus.

Produktionszeit:	1988-93
Stückzahl:	6.921
Motor:	4-Zyl. DOHC/4 V
Hubraum:	987 cm^3
Bohrung x Hub:	67 x 70 mm
Verdichtung:	11,0:1
Leistung:	100 PS (74 kW)/8.000/min
Gemischaufber.:	Bosch Motronic Einspritzung
Kupplung:	1 Scheibe
Getriebe:	5 Gänge
Rahmen:	Gitterrohrrahmen, Motor mittragend
Radstand:	1.565 mm
Federung vorn:	Telegabel
Federung hinten:	Paralever Einarmschwinge
Reifen vorn:	120/70-ZR17
Reifen hinten:	160/60-ZR17
Bremse vorn:	Scheiben, 2 x 305 mm
Bremse hinten:	Scheibe, 285 mm
Leergew. getankt:	234 kg
Tankinhalt:	22 Liter
Höchstgeschw.:	240 km/h
Neupreis:	20.200,- DM

BMW K 100 RS 4V

Produktionszeit:	1989-92
Stückzahl:	12.666
Motor:	4-Zyl. DOHC/4 V
Hubraum:	987 cm³
Bohrung x Hub:	67 x 70 mm
Verdichtung:	11,0:1
Leistung:	100 PS (74 kW)/8.000/min
Gemischaufber.:	Bosch Motronic MA 2.1
Kupplung:	1 Scheibe
Getriebe:	5 Gänge
Rahmen:	Gitterrohrrahmen, Motor mittragend
Radstand:	1.565 mm
Federung vorn:	Telegabel
Federung hinten:	Paralever Einarmschwinge
Reifen vorn:	120/70-ZR17
Reifen hinten:	160/60-ZR17
Bremse vorn:	Scheiben, 2 x 305 mm
Bremse hinten:	Scheibe, 285 mm
Leergew. getankt:	235 kg
Tankinhalt:	22 Liter
Höchstgeschw.:	232 km/h
Neupreis:	19.950,- DM

Nach der Einführung der K1 wurde auch das ehemalige Flaggschiff im BMW-Angebot, die K 100 RS, entsprechend aufgerüstet. Neu waren die Vierventiltechnik, die größeren Bremsen und die Paralever-Schwinge. Der bisherige Verkaufsrenner im Programm litt aber zunehmend unter den nicht verstummen wollenden Gerüchten, daß die Ablösung durch einen moderneren Nachfolger unmittelbar bevorstünde. Das wirkte sich natürlich auf die Verkaufszahlen aus. Wer dennoch eine RS erwarb, machte damit bestimmt keinen Fehler: Der Lückenbüßer war einfach ein gutes und schönes Motorrad.

Das Spitzen-Tourermodell wurde für 1991 einer heftigen Modellpflege unterzogen. Dazu zählten nicht nur Paralever-Schwinge und neue Dreispeichen-Räder, sondern auch ein Motor mit 1.100 cm³ und 100 PS Leistung. Obwohl zu dieser Zeit die R 100 R eingeführt wurde, konnte sich dieser Tourer gut behaupten. Er markierte einen weiteren Schritt in das Luxussegment, mit elektrisch verstellbarer Windschutzscheibe und neuen Koffern (je 33 Liter) und Topcase. Bisheriger Hohepunkt der Entwicklung war das Sondermodell »Highline«, mit viel Chrom und Sonderlack, das 1997 für nahezu 30.000 Mark in der Preisliste stand. Überdies war die LT das erste Modell von BMW mit geregeltem Kat.

Produktionszeit:	Ab 1991
Stückzahl:	21.312 (bis 31.12.1997)
Motor:	4-Zyl. DOHC/4 V
Hubraum:	1.092 cm³
Bohrung x Hub:	70,5 x 70 mm
Verdichtung:	11,0:1
Leistung:	100 PS (74 kW)/7.500/min
Gemischaufber.:	Bosch Motronic MA 2.2
Kupplung:	1 Scheibe
Getriebe:	5 Gänge
Rahmen:	Gitterrohrrahmen, Motor mittragend
Radstand:	1.565 mm
Federung vorn:	Telegabel
Federung hinten:	Paralever Einarmschwinge
Reifen vorn:	110/80-VR18
Reifen hinten:	140/80-VR17
Bremse vorn:	Scheiben, 2 x 305 mm
Bremse hinten:	Scheibe, 285 mm
Leergew. getankt:	290 kg
Tankinhalt:	22 Liter
Höchstgeschw.:	210 km/h
Neupreis:	22.850,- DM

BMW K 1100 RS

Produktionszeit:	1992-96
Stückzahl:	12.179
Motor:	4-Zyl. DOHC/4 V
Hubraum:	1.092 cm^3
Bohrung x Hub:	70,5 x 70 mm
Verdichtung:	11,0:1
Leistung:	100 PS (74 kW)/7.500/min
Gemischaufber.:	Bosch Motronic MA 2.2
Kupplung:	1 Scheibe
Getriebe:	5 Gänge
Rahmen:	Gitterrohrrahmen, Motor mittragend
Radstand:	1.565 mm
Federung vorn:	Telegabel
Federung hinten:	Paralever Einarmschwinge
Reifen vorn:	120/70-VR17
Reifen hinten:	160/60-VR18
Bremse vorn:	Scheiben, 2 x 305 mm
Bremse hinten:	Scheibe, 285 mm
Leergew. getankt:	268 kg
Tankinhalt:	22 Liter
Höchstgeschw.:	220 km/h
Neupreis:	21.950,- DM

Ein Jahr nach dem Vierventiler K 1100 LT erschien zum 1993 auch die RS-Reihe mit der gleichen Technik, 1,1 Liter Hubraum und modifizierter Schale. Die neue Vollverkleidung bot besseren Wetterschutz als die alte. Die neue Marzocchi-Gabel und das Showa-Federbein waren straffer abgestimmt. Der Rahmen wurde für den neuen Einsatz am Steuerkopf und an der hinteren Strebe verstärkt. Das Motorrad war aber nicht in erster Linie als Sportmaschine gedacht, sondern eher als alltagstauglicher Reisebegleiter.
1995/96 wurde ein Sondermodell mit schwarz-silberner Lackierung und polierter Gabel angeboten. Es kostete etwas über DM 25.000.- und lag damit um rund 3.000.- Mark über dem Basismodell.

Daß der Boxer im Programm von BMW nicht fehlen durfte, wurde 1986 mit der Neueinführung der bleifreien 60-PS-Zweiventiler mit einem Liter Hubraum klar. Als erste Vertreterin der neuen Boxer-Generation gelangte die R 1100 RS im Herbst 1993 in den Handel. Ihr Markenzeichen war die als »Telelever« bezeichnete Vorderradaufhängung. Sie bedeutete eine Revolution in Sachen Handling, auch wenn sie etwas gewöhnungsbedürftig war. Neue Vierventiltechnik und eine anders plazierte Nockenwelle erforderte die Verwendung von Kipphebeln für die Ventilbetätigung. Die RS gab es mit Voll- und Halbschale,(mit verstellbarer Sitzbank ab 1994 serienmäßig), wie auch härter abgestimmte Druckstufendämpfung vorn.

Produktionszeit:	Ab 1993
Stückzahl:	22.485 (bis 31.12.1997)
Motor:	2-Zyl. HC/4 V
Hubraum:	1.085 cm^3
Bohrung x Hub:	99 x 70,5 mm
Verdichtung:	10,7:1
Leistung:	90 PS (66 kW)/7.250/min
Gemischaufber.:	Bosch Motronic MA 2.2
Kupplung:	1 Scheibe
Getriebe:	5 Gänge
Rahmen:	Gitterrohrrahmen, 3teilig, Motor mittragend
Radstand:	1.473 mm
Federung vorn:	Telelever mit Längslenker
Federung hinten:	Paralever Einarmschwinge
Reifen vorn:	120/70-ZR17
Reifen hinten:	160/60-ZR18
Bremse vorn:	Scheiben, 2 x 305 mm
Bremse hinten:	Scheibe, 285 mm
Leergew. getankt:	239 kg
Tankinhalt:	23 Liter
Höchstgeschw.:	215 km/h
Neupreis:	19.250,- DM

Produktionszeit:	Ab 1994
Stückzahl:	31.033 (bis 31.12.1997)
Motor:	2-Zyl. HC/4 V
Hubraum:	1.085 cm^3
Bohrung x Hub:	99 x 70,5 mm
Verdichtung:	10,3:1
Leistung:	80 PS (59 kW)/6.750/min
Gemischaufber.:	Bosch Motronic MA 2.2
Kupplung:	1 Scheibe
Getriebe:	5 Gänge
Rahmen:	Gitterrohrrahmen, 3teilig, Motor mittragend
Radstand:	1.509 mm
Federung vorn:	Telelever mit Längslenker
Federung hinten:	Paralever Einarmschwinge
Reifen vorn:	110/80-H19
Reifen hinten:	150/70-H17
Bremse vorn:	Scheiben, 2 x 305 mm
Bremse hinten:	Scheibe, 276 mm
Leergew. getankt:	243 kg
Tankinhalt:	25 Liter
Höchstgeschw.:	195 km/h
Neupreis:	17.450,- DM

Technisch mit der RS gleich, jedoch mit typischer Enduro-Ausstattung, kam die GS zum Modelljahr 1994. Diese Generation von Boxermodellen hat keinen Rahmen im eigentlichen Sinne mehr. Er besteht aus einem Gußlenkkopf, der mit dem Motor verschraubt ist. Der hintere Gitterrohrrahmen ist ein ebenfalls mit dem Motor verschraubter Hilfsrahmen, er dient lediglich als Halt für Sitzbank und Gepäcksystem. Der GS-Motor hat weniger Spitzenleistung als die RS (80 PS), dafür aber einen noch besseren Drehmomentverlauf mit der Spitze 97 Nm schon bei 5.250/min. Die Serviceintervalle sind bei diesem Motor auf 10.000 Kilometer erhöht worden und die hintere Federvorspannung der GS ist stufenlos hydraulisch verstellbar. Gerade mit dieser GS-Ausführung feierte BMW neue Verkaufserfolge.

Diese Maschine spaltete die BMW-Gemeinde: Entweder man mochte sie oder man lehnte sie ab. Einig dagegen war man sich in bezug auf die sonstigen Qualitäten dieser im Herbst 1994 gezeigten Neuerscheinung: Die nackte Kanone steht für Fahrspaß ohne Ende, und das überra-gende Handling bringt die Vorteile des Chassikonzepts voll zur Geltung. Chassis und Motor sind mit der GS baugleich, allerdings hat die R einen Lenkungsdämpfer aufgrund einer geringeren Vorderradlast. Die Vorderradbremse stammte aus der R 1100 RS. Zum Frühjahr 1997 erhielten die beiden R-Modelle ein neues Cockpit und größere Scheinwerfer. Auf Wunsch Drahtspeichenräder. Neupreis: 16.500,- DM

Produktionszeit:	Ab 1994
Stückzahl:	15.888 (bis 31.12.1997)
Motor:	2-Zyl. HC/4 V
Hubraum:	1.085 cm^3
Bohrung x Hub:	99 x 70,5 mm
Verdichtung:	10,3:1
Leistung:	80 PS (59 kW)/6.750/min
Gemischaufber.:	Bosch Motronic MA 2.2
Kupplung:	1 Scheibe
Getriebe:	5 Gänge
Rahmen:	Gitterrohrrahmen, 3teilig, Motor mittragend
Radstand:	1.487 mm
Federung vorn:	Telelever mit Längslenker
Federung hinten:	Paralever Einarmschwinge
Reifen vorn:	120/70-ZR17 (std.) oder 110/80-ZR18
Reifen hinten:	160/60-ZR 18 (std.) oder 150/70-ZR17
Bremse vorn:	Scheiben, 2 x 305 mm
Bremse hinten:	Scheibe, 276 mm
Leergew. getankt:	235 kg
Tankinhalt:	21 Liter
Höchstgeschw.:	197 km/h

Produktionszeit:	Ab 1994
Stückzahl:	11.212 (bis 31.12.1997)
Motor:	2-Zyl. HC/4 V
Hubraum:	848 cm^3
Bohrung x Hub:	87,8 x 70,5 mm
Verdichtung:	10,3:1
Leistung:	70 PS (52 kW)/7.000/min
Gemischaufber.:	Bosch Motronic MA 2.2
Kupplung:	1 Scheibe
Getriebe:	5 Gänge
Rahmen:	Gitterrohrrahmen, 3teilig, Motor mittragend
Radstand:	1.487 mm
Federung vorn:	Telelever mit Längslenker
Federung hinten:	Paralever Einarmschwinge
Reifen vorn:	120/70-ZR17 (std.) oder 110/80-ZR18
Reifen hinten:	160/60-ZR18 std. oder 150/70-ZR17
Bremse vorn:	Scheiben, 2 x 305 mm
Bremse hinten:	Scheibe, 276 mm
Leergew. getankt:	235 kg
Tankinhalt:	21 Liter
Höchstgeschw.:	187 km/h
Neupreis:	15.500,- DM

Abgesehen vom Hubraum, war die R 850 R ansonsten mit der R 1100 R identisch. Die mangelnde Leistung belohnte sie allerdings mit einem kultivierteren Motorlauf, obwohl der Fahrer öfter schalten muß. Der Leistungsunterschied betrug 10 PS – kaum der Rede wert, wie viele meinten, während andere gerade diesen in der Fahrpraxis nicht sonderlich spürbaren Leistungsunterschied zum Anlaß nahmen, um den Sinn dieses Motorrads in Frage zu stellen. Rund um die beiden R-Modelle hat sich ein reger Zubehörmarkt entwickelt und in den ersten vier Produktionsjahren entstanden über 30.000 R-Modelle.

Die neue RT wurde im Herbst 1996 eingeführt. Technisch entsprach sie ihren Geschwistern, optisch verbarg sie sich hinter der effektiven Vollverkleidung (cW-Wert: 0,494), Die Ausstattung war beispielhaft komplett, sie reichte von der elektrisch verstellbaren Windschutzscheibe bis hin zu verstellbaren Feder- und Dämpferelementen. Die RT wurde in Deutschland außerdem serienmäßig mit Katalysator und ABS ausgeliefert. Über zwei Klappen im Cockpit konnte die Warmluft vom Ölkühler an die Lenkerenden geleitet werden. Die Sitzbank ließ sich in drei verschiedene Höhen verstellen. Der Neupreis betrug 24.500,- DM.

Produktionszeit:	Ab 1995
Stückzahl:	24.702 (bis 31.12.1997)
Motor:	2-Zyl. HC/4 V
Hubraum:	1.085 cm^3
Bohrung x Hub:	99 x 70,5 mm
Verdichtung:	10,3:1
Leistung:	90 PS (66 kW)/7.250/min
Gemischaufber.:	Bosch Motronic MA 2.2
Kupplung:	1 Scheibe
Getriebe:	5 Gänge
Rahmen:	Gitterrohrrahmen, 3teilig,
Radstand:	1.485 mm
Federung vorn:	Telelever mit Längslenker
Federung hinten:	Paralever Einarmschwinge
Reifen vorn:	120/70-ZR17
Reifen hinten:	160/60-ZR18
Bremse vorn:	Scheiben, 2 x 305 mm
Bremse hinten:	Scheibe, 276 mm
Leergew. getankt:	282 kg
Tankinhalt:	26 Liter
Höchstgeschw.:	196 km/h

BMW R 1200 C

Produktionszeit:	Ab 1997
Stückzahl:	8.158 (bis 31.12.1997)
Motor:	2-Zyl. HC/4 V
Hubraum:	1.170 cm^3
Bohrung x Hub:	101 x 73 mm
Verdichtung:	10,0:1
Leistung:	61 PS (45 kW)/5.000/min
Gemischaufber.:	Bosch Motronic MA 2.4
Kupplung:	1 Scheibe
Getriebe:	5 Gänge
Rahmen:	Guß-Vorderrahmen, Hinterrahmen Stahlrohr
Radstand:	1.650 mm
Federung vorn:	Telelever
Federung hinten:	Monolever Einarmschwinge
Reifen vorn:	100/90-18 H
Reifen hinten:	170/80-B15 H
Bremse vorn:	Scheiben, 2 x 305 mm
Bremse hinten:	Scheibe, 285 mm
Leergew. getankt:	256 kg
Tankinhalt:	17 Liter
Höchstgeschw.:	168 km/h
Neupreis:	23.400,- DM

Ein neues Motorradkapitel schlug BMW mit dem allerersten Cruiser in der Firmengeschichte auf. Das Rezept war simpel und bewährt: Mehr Hubraum und mehr Drehmoment bei weniger Leistung, nur 61 PS aus den 1.170 cm^3. Das Chassis folgte dem klassischen Chopper-Konzept, »long and low« nannte es zum Beispiel Honda. Doch die Konkurrenz aus Japan durfte nicht in einem James-Bond-Streifen auftreten. Bei der C verzichtete BMW auf die Drehmomentabstützung der Paralever-Schwinge, außerdem waren einige Details etwas barocker geformt als bei den übrigen Modellen. So war unter anderem der Guß-Lenkkopf als Gestaltungselement direkt in das Design einbezogen, auf Hochglanz poliert und etwas bauchiger geformt.

Mit der R 1100 S präsentierte BMW Ende 1998 das beste Sportmotorrad, das man je im Programm gehabt hatte. Zwei geregelte Katalysatoren gehörten zum Serienumfang. Tele- und Paralever waren inzwischen hinlänglich bekannt, neu war das vordere Federbein, das aus der Fahrerposition eingestellt werden konnte. Der Rahmen dieser Sportmaschine stellte eine Neukonstruktion dar, das vordere Teil aus Alu gegossen, das hintere aus Alteilen zusammengeschweißt. Dank eines neuen Auspuffs, einem überarbeiteten Einlaßtrakt samt Luftfilter und vielen Änderungen im Motor, vor allem aber im Brennraum, brachte es der 1100er Motor offen auf 108 PS.

Produktionszeit:	Ab 1998
Stückzahl:	-
Motor:	2-Zyl. HC/4 V
Hubraum:	1.085 cm^3
Bohrung x Hub:	99 x 70,5 mm
Verdichtung:	11,3:1
Leistung:	98 PS (72 kW)/7.500/min
Gemischaufber.:	Bosch Motronic Einspritzung
Kupplung:	1 Scheibe
Getriebe:	6 Gänge
Rahmen:	Gitterrohrrahmen aus Aluminium
Radstand:	1.478 mm
Federung vorn:	Telelever
Federung hinten:	Paralever Einarmschwinge
Reifen vorn:	120/70 ZR 17
Reifen hinten:	170/60 ZR 17
Bremse vorn:	Scheiben, 2 x 305 mm
Bremse hinten:	Scheibe, 276 mm
Leergew. getankt:	229 kg
Tankinhalt:	18 Liter
Höchstgeschw.:	225 km/h
Neupreis:	20.900,-

BMW R 850 GS

Produktionszeit:	Ab 1998
Stückzahl:	-
Motor:	2-Zyl. HC/4 V
Hubraum:	848 cm^3
Bohrung x Hub:	87,5 x 70,5 mm
Verdichtung:	10,3:1
Leistung:	70 PS (52 kW)/7.500/min
Gemischaufber.:	Bosch Motronic MA 2.2
Kupplung:	1 Scheibe
Getriebe:	5 Gänge
Rahmen:	Gitterrohrrahmen, 3teilig, Motor mittragend
Radstand:	1.509 mm
Federung vorn:	Telelever
Federung hinten:	Paralever Einarmschwinge
Reifen vorn:	110/80H19
Reifen hinten:	150/70H17
Bremse vorn:	Scheiben, 2 x 305 mm
Bremse hinten:	Scheibe, 276 mm
Leergew. getankt:	243 kg
Tankinhalt:	25 Liter
Höchstgeschw.:	185 km/h
Neupreis:	18.750,- DM

Die mit der R 1100 GS baugleiche R 850 GS wurde im Herbst 1998 vorgestellt. Das Hubraum-Defizit verlangte, im Vergleich zur 1100er, vom Fahrer mehr Schaltarbeit, belohnte ihn aber durch eine kultiviertere Leistungsentfaltung. Wie bei der größeren Schwester war das ABS II für Geländeeinsätze abschaltbar. Der 70-PS-Boxer war auf Wunsch auch in einer Stufenführerschein-tauglichen 34-PS-Version erhältlich. Ihr Preis lag mit 19.230 Mark um rund 650 Mark unter dem der hubraumstärkeren 1100er.

Die kleine Cruiser-Variante kam im Herbst 1998 mit 34 PS Leistung. Die offene Version leistete mäßige 50 PS, was aber für einen Cruiser durchaus ausreichend erschien. Wie bei der R 1200 C war auch hier das Beifahrerkissen für Solofahrten hochklappbar und konnte dem Fahrer als Rücklehne dienen. Zum Frühjahr 1999 wurde das hintere Federbein mit hydraulischer Federbasiseinstellung durch ein neues, komfortabel abgestimmtes Tourerfederbein ersetzt. Das alte Federbein blieb als Zubehör erhältlich. Ein um 20 mm aufgepolsterter Fahrersitz gehörte ebenfalls zur Sonderausstattung. Beide Custom-Modelle wurden in Deutschland serienmäßig mit Katalysator ausgeliefert.

Produktionszeit:	Ab 1998
Stückzahl:	-
Motor:	2-Zyl. HC/4 V
Hubraum:	848 cm^3
Bohrung x Hub:	87,5 x 70,5 mm
Verdichtung:	10,3:1
Leistung:	50 PS (37 kW)/5.250/min
Gemischaufber.:	Bosch Motronic MA 2.4
Kupplung:	1 Scheibe
Getriebe:	5 Gänge
Rahmen:	Gußvorderrahmen, Hinterrahmen Stahlrohr
Radstand:	1.650 mm
Federung vorn:	Telelever
Federung hinten:	Monolever Einarmschwinge
Reifen vorn:	100/90ZR18
Reifen hinten:	170/80ZR15
Bremse vorn:	Scheiben, 2 x 305 mm
Bremse hinten:	Scheibe, 285 mm
Leergew. getankt:	256 kg
Tankinhalt:	17 Liter
Höchstgeschw.:	155 km/h
Neupreis:	23.400,- DM

BMW K 1200 RS

Produktionszeit:	Ab 1997
Stückzahl:	8.800 (bis 31.12.97)
Motor:	4-Zyl. DOHC/4 V
Hubraum:	1.171 cm^3
Bohrung x Hub:	70,5 x 75 mm
Verdichtung:	11,5:1
Leistung:	130 PS (96 kW)/8.750/min (98 PS (72 kW)/7.000/min)
Gemischaufber.:	Bosch Motronic MA 2.4
Kupplung:	1 Scheibe
Getriebe:	6 Gänge
Rahmen:	Brückenrahmen aus Alu, Heckrahmen aus Stahlrohr
Radstand:	1.549 mm
Federung vorn:	Telelever
Federung hinten:	Paralever Einarmschwinge
Reifen vorn:	120/70ZR17
Reifen hinten:	170/60ZR17
Bremse vorn:	Scheiben, 2 x 305 mm
Bremse hinten:	Scheibe, 285 mm
Leergew. getankt:	285 kg
Tankinhalt:	21 Liter
Höchstgeschw.:	245 km/h (225 km/h)
Neupreis:	27.400,- DM

Der neue Sporttourer von BMW erregte bei der Vorstellung im Herbst 1996 sehr viel Aufsehen.

Der größere Motor entsprach in seinem Aufbau dem der anderen Vierventiler, war aber weniger quadratisch ausgelegt. Einen wesentlichen Fortschritt stellte auch die Verwendung eines Sechsganggetriebes dar. Neu war überdies auch der Rahmen (der erste Brückenrahmen, den das Werk geschaffen hatte) und die Verkleidung mit dem Tandem-Scheinwerfer, der, so BMW, eine deutlich bessere Fahrbahn-Ausleuchtung ermögliche. Die Fahrerergonomie wurde bei der K 1200 RS besonders berücksichtigt: Lenker, Fußrasten und Sitzbank waren verstellbar. Auch das Windschild ließ sich in zwei Positionen einstellen. Außerdem war diese BMW serienmäßig mit einem geregelten Doppel-Katalysator ausgestattet. Im Ausland 130 PS stark, war hier in Deutschland auch eine 98-PS-Version lieferbar.

Nach dem Motto »Größer ist besser« stellte BMW in München im September 1998 den neuen Supertourer vor. Radio, Cassettenrecorder und vier 20-Watt-Lautsprecher gehören zu der Originalausstattung, wie insgesamt 120 Liter Gepäck-Volumen, was zum Teil das fahrfertige Gewicht von 378 Kilo erklärt. Die Zuladungskapazität betrug erstaunliche 222 kg. Topcase und Koffer (zusammen 120 Liter Stauvolumen) waren fest verankert. In Deutschland gehörten Bordcomputer, Tempomat und heizbare Lenkergriffe zur Serienausstattung. Zur Sonderausstattung zählt eine Sitzheizung. Der Motor (von der K 1200 RS abgeleitet) brillierte mit sattem Drehmoment, die Spitze von 115 Nm lag schon bei 4750/min an. Das Getriebe hat eine Rückfahrhilfe, die vom Anlassermotor getrieben wird.

Produktionszeit:	Ab 1998
Stückzahl:	-
Motor:	4-Zyl. DOHC/4 V
Hubraum:	1.171 cm^3
Bohrung x Hub:	70,5 x 75 mm
Verdichtung:	10,8:1
Leistung:	98 PS (72 kW)/6.750/min
Gemischaufber.:	Bosch Motronic MA 2.4
Kupplung:	1 Scheibe
Getriebe:	5 Gänge
Rahmen:	Brückenrahmen aus Alu, Heckrahmen aus Stahlrohr
Radstand:	1.633 mm
Federung vorn:	Telelever
Federung hinten:	Paralever Einarmschwinge
Reifen vorn:	120/70ZR17
Reifen hinten:	160/70ZR17
Bremse vorn:	Scheiben, 2 x 305 mm
Bremse hinten:	Scheibe, 285 mm
Leergew. getankt:	378 kg
Tankinhalt:	24 Liter
Höchstgeschw.:	197 km/h
Neupreis:	34.400,- DM

Produktionszeit:	Ab 1993
Stückzahl:	39.470 (bis 31.12.97)
Motor:	1-Zyl. DOHC/4 V
Hubraum:	652 cm^3
Bohrung x Hub:	100 x 83 mm
Verdichtung:	9,7:1
Leistung:	48 PS (35 kW)/6.500/min 34 PS (25 kW)/5.700/min
Vergaser:	2 x Mikuni 33 mm Gleichdruck
Kupplung:	Mehrscheibenkupplung, Ölbad
Getriebe:	5 Gänge
Rahmen:	Einschleifen-Rohrrahmen
Radstand:	1.480 mm
Federung vorn:	Telegabel
Federung hinten:	Langarmschwinge Zentralfederbein
Reifen vorn:	100/90S19
Reifen hinten:	130/80S17
Bremse vorn:	Scheibe, 300 mm
Bremse hinten:	Scheibe, 240 mm
Leergew. getankt:	191 kg
Tankinhalt:	17,5 Liter
Höchstgeschw.:	163 km/h (145 km/h)
Neupreis:	10.950,- DM

Anfang der 90er präsentierte BMW zum erstenmal seit 30 Jahren ein Einzylinder-Modell für Einsteiger. Die kleine Reise-Enduro mit Kettenantrieb entwickelte sich schnell zu einem Verkaufsschlage. Der Motor mit 48 PS (34 PS in Deutschland erhältlich) wurde unter BMW-Regie bei Rotax entwickelt und hergestellt; das komplette Motorrad wurde bei Aprilia in Italien montiert. Nach drei Modelljahren wurde das Modell 1997 überarbeitet, blieb aber technisch unverändert. Neu war die Verkleidung mit höherer Scheibe und schmälerer Auslegung im unteren Bereich. Die Sitzbank wurde von 810 auf 800 mm abgesenkt, und als Sonderzubehör war ein Tieferlegungssatz, der die Sitzhöhe auf 750 mm reduzierte, erhältlich.

Nach drei erfolgreichen Jahren mit der F 650 erschien 1997 die ST (Strada)-Variante. Sie unterschied sich von der Urvariante optisch nur in der etwas geänderten Verkleidung, dem 18-Zoll-Vorderrad, dem Straßenprofil der Reifen und der niedrigeren Sitzhöhe dank der kürzeren, von 165 auf 120 mm reduzierten hinteren Federwegen. Reduziert wurden auch Radstand und Nachlauf. Dank eines Tieferlegungssatzes konnte die Sitzhöhe auf 735 mm reduziert werden. Komplettiert wurde die Verwandlung zum Straßenmotorrad durch einen weniger ausladenden Lenker. Auf Wunsch können beide F 650-Modelle mit einem ungeregelten Katalysator ausgerüstet werden. Beide Modelle müssen nur noch alle 10.000 Kilometer zur Inspektion.

Produktionszeit:	Ab 1996
Stückzahl:	6.375 (bis 31.12.97)
Motor:	1-Zyl. DOHC/4 V
Hubraum:	652 cm^3
Bohrung x Hub:	100 x 83 mm
Verdichtung:	9,7:1
Leistung:	48 PS (35 kW)/6.500/min 34 PS (25 kW)/5.700/min
Vergaser:	2 x Mikuni 33 mm-Gleichdruck
Kupplung:	Mehrscheibenkupplung, Ölbad
Getriebe:	5 Gänge
Rahmen:	Einschleifen-Rohrrahmen mit angeschr. Unterzügen
Radstand:	1.465 mm
Federung vorn:	Telegabel
Federung hinten:	Langarmschwinge mit zentralem Federbein
Reifen vorn:	100/90S19
Reifen hinten:	130/80S17
Bremse vorn:	Scheibe, 300 mm
Bremse hinten:	Scheibe, 240 mm
Leergew. getankt:	191 kg
Tankinhalt:	17,5 Liter
Höchstgeschw.:	163 km/h (145 km/h)
Neupreis:	11.950,- DM

Produktonszeit:	Ende 1999-
Stückzahl:	–
Motor:	1-Zyl. 4-Takt/4V
Hubraum:	125 cm^3
Bohrung x Hub:	–
Verdichtung:	–
Leistung:	15 PS (11 kW)/
Gemischaufber.:	Elektronische Einspritzung (KAT)
Kupplung:	–
Getriebe:	Stufenloses Riemengetriebe
Rahmen:	Verschweißter Fachwerkrahmen aus Alu
Radstand:	–
Federung vorn:	Telelever
Federung hinten:	Triebsatzschwinge
Reifen vorn:	–
Reifen hinten:	–
Bremse vorn:	Scheibe (ABS erhältlich)
Bremse hinten:	Scheibe
Leergewicht:	180 kg
Tankinhalt:	–
Höchstgeschw.:	100 km/h (für 16-18jährige 80 km/h)
Neupreis:	ca. 10.000,- DM

Dies ist ein neues Konzept für Cityfahrzeuge, Anfang der 90er als Zukunftsstudie entstanden, dann aber weiterentwickelt und zur Produktionsreife gebracht. Konzeptentwicklung und Design stammen von BMW, die Serienherstellung findet jedoch bei Bertone in Italien statt. Der Motor stammt von Rotax. Der C 1 ist eine gelungene Mischung aus Roller-Philosophie und Motorrad-Fahrwerksfeatures. Das geschwungene Dach dient auch als Überrollbügel. Dieser und ein Sicherheitsgurt befreien den Fahrer von der Helmpflicht. Geplanter Produktionsbeginn ist im Herbst 1999. Bislang nicht zufriedenstellend gelöst ist die Sozius-Unterbringung.

Sondermodelle und ihre Preise

Sondermodelle sind Marketing-Instrumente: Sie sollen die Motorräder interessanter machen, Begehrlichkeiten wecken, das Markenimage fördern, mitunter sogar das Lager räumen. Kaum ein Motorradhersteller hat so früh und so konsequent Sondermodelle angeboten wie BMW. Die ersten Sondermodelle, so man sie denn als solche bezeichnen möchte, waren die Sonderausführung für die Behörden, die BMW-Modelle mit ihren voluminösen Gläser-Verkleidungen in den 60er Jahren. Diese Sonderserien, überwiegend bei der Polizei im Einsatz, gelangten nicht in Privathände, konnten aber, nachdem sie ausgemustert worden waren, meist für kleines Geld ersteigert werden.
So richtig in Schwung kam das Geschäft mit den Sonderserien erst in den 80er Jahren, wobei nicht selten BMW beschloß, das oft sehr gefragte Sondermodell als reguläres Modell in das normale Programm zu übernehmen. Die perlmuttweiße R 100 RS von 1983 war so ein Beispiel, ursprünglich geplant als letzter Einliter-Boxer in limitierter Auflage. Die Nachfrage überstieg bei weitem das Angebot, was viele Spekulanten auf den Plan rief. Wie viele »letzte« Zweiventilboxer eigentlich erschienen sind, läßt sich nur schwer feststellen, aber die Classic-Reihe von 1994 hätten die letzten sein müssen, wäre da nicht 1996 noch die R 80 GS Basic gekommen...
Ein Sondermodell preislich einzustufen, gestaltet sich deswegen eher schwierig. Die K 100 RS von 1986 und 1987 durften sich ebenfalls als Sondermodelle fühlen, unterschieden sich aber lediglich durch die Lackierung und das straffer abgestimmte Fahrwerk von den »normalen« Modellen. Vier Sondermodell-Serien entstanden nach diesem Strickmuster, die letzte zum Produktionsjahr 1989. Auch die K 1100 RS erschien Ende 1994 als Sondermodell mit polierter Gabel und schwarz-silberner Lackierung. Im Jahr zuvor war eine marrakeschrote RS mit großen Schriftzügen an den Verkleidungsseiten ebenfalls als Sondermodell ausgewiesen worden, verfügte allerdings serienmäßig über ABS, was den Mehrpreis von 1.800 Mark gegenüber dem Normalmodell rechtfertigte.
Gerade das ABS hat die Gebrauchtpreise in den letzten Jahren weitgehend durcheinander gewirbelt. Seit März 1988 erhältlich, ist diese Sonderausstattung inzwischen ein wesentliches Verkaufsargument; eine BMW der 90er Jahre ohne ABS sollte gebraucht deutlich weniger kosten als eine mit. Das gleiche gilt übrigens nicht im gleichen Umfang für Maschinen mit Katalysator. Als Richtschnur für Secondhand-Käufer können die Neupreise von 1993 zu Grunde gelegt werden: Ab September 1992 kostete ABS (damals für alle K-Modelle erhältlich) 1.995 Mark mehr und ein geregelter Dreiweg-Katalysator 876 Mark.

Für die Boxermodelle war ein Sekundärluftsystem erhältlich. Das SLS-System für Boxermodelle führt die unverbrannten Gase zurück in den Brennraum. Ein ungeregelter Kat für die K 75-Modelle kostete ab September 1992 nur 463 Mark Aufpreis, das SLS-System kostete 165 Mark extra. Die K 1 war übrigens immer mit ABS und Kat serienmäßig ausgerüstet, wie später die meisten Tourenmodelle auch.
Das macht natürlich Preisvergleiche bei gebrauchten Maschinen schwierig, und erschwerend dazu kommt das reichhaltige Zubehör-Angebot. Glücklicherweise findet sich nur selten Zubehör an einer BMW, das nicht aus dem Hause BMW stammt. Der Wert dieser Teile ist finanziell allerdings nur schwer einzuschätzen. Die Koffer sind für eine BMW eher selbstverständlich, Probleme mag es bei anderen Details geben, wie Uhren, Öldruckmesser oder sogar dem Kickstarter bei den ersten Zweiventil-GS, der nach einer Frostnacht in der Wüste angeblich so nützlich war. Bei einigen Modellen gehörte das in den Inseraten so hoch gepriesene Zubehör tatsächlich zur Serienausstattung.

Die K 1100 RS Sonderserie von 1995/96 mit polierter Gabel und schwarz-silberner Lackierung.

Sondermodell der K 100 RS

Sondermodell der K 100 RS

Vom Hause BMW stammt eine Vielfalt von nützlichem Zubehör, wie Koffer, Tankrucksack, Windschutzscheibe, Zusatzscheinwerfer und Sturzbügel.

Eine Maus unter den Klassikern: Alte Behördenmaschinen waren jahrelang zu günstigen Preisen erhältlich, heute gelten sie als Klassiker. Das Werkzeugfach im Tank, das tief heruntergezogene Schutzblech sind typische BMW-Merkmale. Hier eine R 75/6 von 1976 in Polizeiausführung.

Ein echtes Sondermodell war die K 1100 LT Special Edition, 1993 aufgelegt, zum zehnjährigen Jubiläum der K 100-Reihe. Mit ABS und G-Kat.

Die luxuriös ausgestattete K 1100 LT Highline kostete 1996 knapp 30.000 Mark.

Die Paris-Dakar-Ausführung der R 100 GS war keine Sonderversion, sondern eine Weiterentwicklung der populären GS, jedoch mit allen Träumen jedes Wüstenfreaks ausgestattet. Kostete bei der Einführung im Herbst 1988 15.190 Mark, etwa 2.000 Mark mehr als die normale GS.

Zum Produktionsende der Dreizylinderreihe präsentierte das Werk zwei Sondermodelle, die K 75 RT Ultima und die K 75 Ultima, beide mit ABS, Kat und Kofferträgern.

Zum Abschied der Zweiventilboxer legte BMW 1994 vier Sonderversionen unter dem gemeinsamen Namen Classic auf. Blankpoliertes Aluminium und eine Sonderlackierung waren ihre Kennzeichen: R 100 RT Classic, R 100 R Classic, R 100 R Mystic und R 100 GS PD Classic. Die Mystik war anfangs zunächst als Sondermodell der R-Ausführung gedacht und kostete bei der Einführung 13.350 Mark.

Die Classic-Varianten hätten eigentlich den Schlußpunkt unter das Kapitel der Zweiventil-Boxer setzen sollen. Dennoch erschien mit der R 80 GS Basic von 1996 noch einmal ein Zweiventil-Boxermodell. Aber sie war die letzte, ganz bestimmt!